樹木の観察というと、ハイキングしながら林道沿いに自生する木々を見るというイメージが強いかもしれません。もちろんそれもありなのですが、普段の生活の中でちょっと意識して歩くと、市街地でも意外に多くの樹種が観察できることに気付きます。

　また、樹木は季節によって多様な表情を魅せてくれます。花や果実の時期をはじめ、新緑、紅葉など。それぞれの季節に特有の色彩があります。真冬でも冬芽や葉痕、樹皮など、見どころはつきません。

　つまりその気になれば、どこでも今すぐにでも樹木観察ができるのです。

　それから、樹木は多くの生き物たちの命を支える存在でもあります。幹のくぼみで越冬する昆虫、果実をついばみに来る野鳥など、樹木観察をきっかけに、昆虫や野鳥、小動物へと視野を広げていくのも楽しいものです。

　また樹木は、古くからわたしたち人間の生活にも深く関わっています。家具や楽器を作るための材木や、果樹、薬用樹など用途はさまざま。伝統行事や歳時記に関わるような樹種もあります。樹木観察をきっかけにして、民俗学や歴史学へのアプローチも可能です。

　この本では、庭や公園に植栽されるものや、低地の人里近くに自生するものの中から、日頃の散歩で見かける可能性の高い樹種をピックアップしました。

　写真は、わたしが自らの目で観察・撮影したものを使っています。そして、単に樹木の形態的特徴を説明するのではなく、読み物としても楽しめるよう、雑学的な要素をたっぷりと盛り込むよう心がけました。

　この本が散歩のお供として少しでもお役にたてれば幸いです。

岩槻秀明

この木なんの木？がひと目でわかる！

散歩の樹木図鑑

岩槻秀明 著

354種 探しやすい 花・果実・葉っぱ・樹皮の写真もくじ付き

新星出版社

本書の使い方 ……………………………………… 4
樹木の基礎解説 …………………………………… 6

花色、果実、葉っぱ、樹皮でひける
写真もくじ ………………………………………… 15

裸子植物　28
イチョウ、クロマツ、スギ ほか

樹木なるほどコラム❶
よく聞く有名な木（日本原産編） …………… 48

被子植物　双子葉・合弁花　50
ニワトコ、キリ、キンモクセイ ほか

樹木なるほどコラム❷
よく聞く有名な木（海外編） ………………… 88

被子植物　双子葉・離弁花 Part 1　90
ハナミズキ、ジンチョウゲ、カエデ ほか

樹木なるほどコラム❸
ご存じですか？都道府県の木 ……………… 146

被子植物　双子葉・離弁花 Part 2　148
アジサイ、ケヤキ、ボタン ほか

樹木なるほどコラム❹
果物が実る樹木 ……………………………… 206

被子植物　双子葉・離弁花 Part 3　208
サクラ、ウメ、バラ ほか

樹木なるほどコラム❺
身の回りで利用される樹木 ………………… 242

被子植物　単子葉　244
サルトリイバラ、ナギイカダ、シュロ

タケ・ササの仲間 ……… 247　　索引 ……… 250

●写真／岩槻秀明　●イラスト／細密画工房　●デザイン／高井勇二
●企画・編集／（株）シーオーツー（松浦祐子、山本克典）

本書の使い方

本書では街中や公園など、ふだんの散歩の途中によく見かける樹木の花、果実、紅葉などの見頃について、裸子植物、被子植物に分け、50音順（科名）で掲載しています。ここではまず最初に、各ページのどこを見れば何がわかるかを説明します。

掲載順

掲載順は裸子植物、被子植物別に科名の50音で分けた後、近い仲間や比較するとおもしろい種が続くよう配置しました

見頃インデックス

1〜12月のうち、そのページの樹木の花がもっとも盛んに咲く時期を赤色、果期を黄色、紅葉をオレンジ色に色分けしました。複数種が掲載されている場合は、主要な種の時期としました

小写真

メイン・サブ写真ではわからない部分や、あまり見る機会がない果実や種子、または樹皮や芽といった関連部分を掲載しています

樹形アイコン

その樹木が成木になった場合に、おおよその目安となる形状をアイコンで表現しました。あくまで自然に生長した前提で、生育環境や剪定によっては異なる場合があります

ヤマモモ
Morella rubra

花期：3〜4月　果期：6〜7月

夏にできる丸い果実は甘酸っぱくておいしい

暖かい地域の山地に多く自生する雌雄異株の照葉樹。公園や街路にもしばしば植栽されている。雌株には丸い果実が多数でき、夏になると黒みがかった紅色に熟す。この果実は生食でき、甘酸っぱくておいしい。

科名：ヤマモモ科
和名：ヤマモモ（山桃）
樹高：5〜10m
原産：在来
分布：本（関東以西）・四・九・沖

公園樹や街路樹として広く植栽される

果実は熟すと暗紅色になる

樹皮は灰白色で、瘤のようなねじれた縦縞を描く

雄花。花には花粉を飛ばす葯が目立つ

雌花。2mmくらいの小さな赤い雌花

樹形アイコン一覧

かさ形　ほうき形　円すい形　株立ち形　だ円形（縦）　だ円形（横）、卵形、球形

しだれ形　不整形　這性形　つる性形　その他

メイン・サブ写真
特徴がよくわかる写真を選んで掲載。全体像が把握しやすくなるように、樹木の形状や花などの形状を紹介しました

基本データ
樹木の基本的な情報です。日本原産の種は在来と表記。外来種には原産地を入れました。分布は全国、北海道(北)、本州(本)、四国(四)、九州(九)、沖縄(沖)に分けました。園芸種については範囲を特定できないため、植栽・園芸交雑種としました。また日本名は標準和名、漢字名を掲載しています。樹高はその木がもっとも大きく生長した場合の目安です

○○の仲間ページについて
一般的に知られている名前の樹木でも、実際は近縁種や交雑種の総称であることも。そこで種類が多く、近い仲間の樹木をひとまとめにして複数掲載し、比べやすくしました。各樹種名は写真の下や横に記されています。ただし花期、果期、紅葉(黄葉)はメイン写真で紹介している樹種について記し、学名は科名までに留めています

科名：センリョウ科
和名：センリョウ(千両)
樹高：0.5〜1m
原産：在来
分布：本・四・九・沖

花は花弁もがくもなく、子房の横に雄しべが1個つくシンプルな構造

- 子房
- 雄しべ

イラスト解説
写真だけでは伝わりにくい、細部のわずかな違いや、観察時のポイントを精緻なイラストでわかりやすく表現しました

センリョウ
Sarcandra glabra
●花期：6〜7月 ●果期：11〜3月

マンリョウなどとともに赤い実を正月飾りに使う

暖地の山林中に自生する小さな常緑樹で、しばしば観賞用に栽培される。また、植栽された木になった実を鳥が食べ、あちこちに運ぶため各地で野生化している。冬になる赤い果実は正月飾りなどに利用される。

葉は光沢のある深緑色で縁がギザギザしている

園芸種
キミノセンリョウ。センリョウの一種で果実は熟すと黄色くなる

樹木の名前、花期、果期、紅葉
掲載している樹木の名前(赤文字)は、一般的な名称です。その下の斜めの文字(ラテン語)は学名です(※ひとつの種に複数の学名があったり、分類上の見解の相違もありますが、本書の学名表記は読者が容易に検索できるよう、一般化したものを優先しています)。花期は開花初期から終盤までのおおよその目安。果期は果実が熟す時期、紅(黄)葉は見頃を迎える時期をそれぞれ表しています

本文解説
掲載している樹木の特徴、よく見られる生育場所、名前の由来や別名などを紹介。その樹木をよく知るための解説です

近縁種の情報
メイン写真の花にきわめて近い仲間の「近縁種」を紹介。また分類学上は別種ですが、観賞用に品種改良されたものは「園芸種」として掲載しました

※ここで掲載しているページは説明用の見本です

樹木の基礎解説

① 樹木の分類

　樹木の分類は、他の植物と同様に科や属といった植物分類学上の分類方法が基本です。しかし、それ以外にも、常緑樹や落葉樹といった季節で変化する性質的な分け方や、針葉樹や広葉樹など大まかな葉の形による分け方などがあります。これらの分け方は、地域の植生の特徴や気候との関連を表現する時によく使われます。

●落葉樹
1年のうち、特定の期間（冬季が多い）にすべての葉を落としてしまうもの

●常緑樹
1年を通じて葉をつけているもの

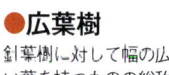

●針葉樹
マツ類やスギなど、針形の葉を持つものの総称。多くの裸子植物が該当する

●広葉樹
針葉樹に対して幅の広い葉を持つものの総称

●照葉樹
スダジイやタブノキなど、分厚く光沢のある葉を持つもの

2 樹高について

樹木の説明にしばしば登場する高木や低木などの表現は、樹木の大きさ指すための便宜的なものです。実際の樹木の大きさは剪定や環境、樹齢によってかなり変動します。樹種の性質として、めいっぱい育つとこのくらいになるというひとつの目安と考えましょう。

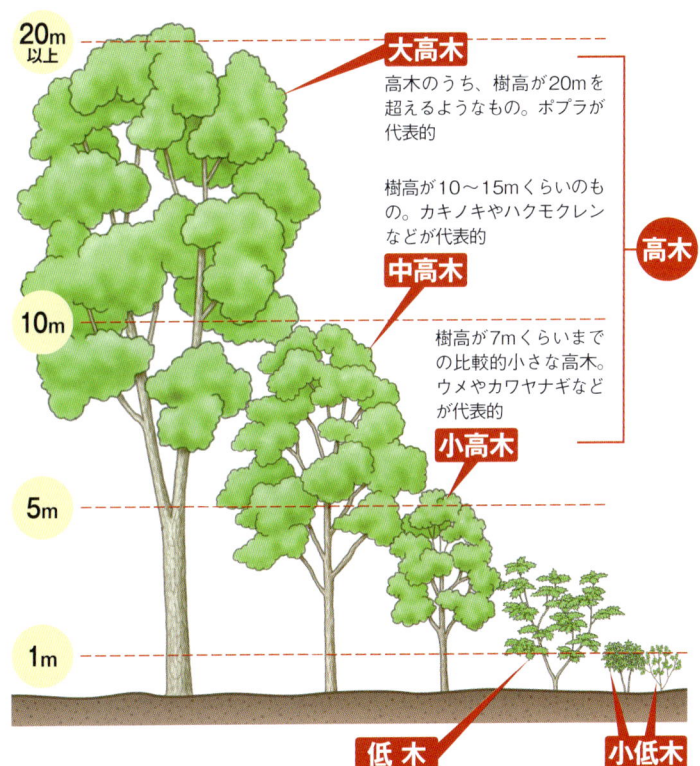

大高木: 高木のうち、樹高が20mを超えるようなもの。ポプラが代表的

中高木の上の段: 樹高が10〜15mくらいのもの。カキノキやハクモクレンなどが代表的

中高木

小高木: 樹高が7mくらいまでの比較的小さな高木。ウメやカワヤナギなどが代表的

高木

低木: 灌木（かんぼく）ともいう。樹高はせいぜい5m以下。アオキなどが代表的

小低木: 樹高が1mに満たない小さな樹木。ナワシロイチゴやヤブコウジなどが代表的

③ 花のつくり

種子植物は大きく分けると、胚珠（種子になる部分）がむき出しの裸子植物と、子房（果実になる部分）に包まれている被子植物の２つがあります。

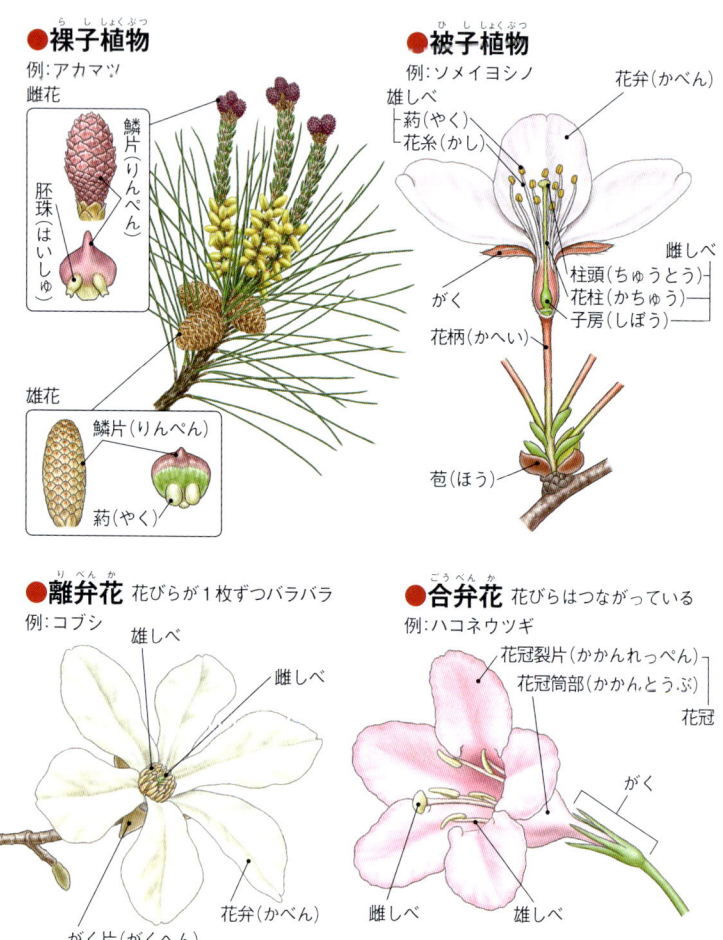

❹ 花のつきかた

　複数の花が一定の配列に従ってついたものが花序です。花序の中心の茎が花軸で、花軸から伸びる花柄の先に花がつきます。花柄からさらに小花柄が分枝することも。

●単頂花序
例:ホオノキ
花軸(茎)の先に1つだけ花を咲かせるもの

●穂状花序
例:イタチハギ
総状花序(そうじょうかじょ)につきかたが似るが、花柄がない

●総状花序
例:ヒイラギナンテン
花軸から多数の花柄を出し、その先にひとつずつ花をつけるもの

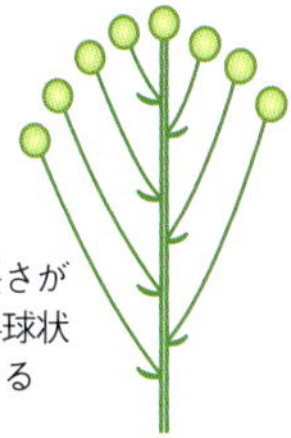

●散房花序
例:シモツケ
花ごとに花柄の長さが異なり、平面や半球状の花の集まりになる

●円すい花序
例:ヌルデ
花序が円すい形に見えるもの

●集散花序
例:ハンノキ
花軸の先で生長がとまり、その脇から側枝が伸びることを繰り返す形態

●散形花序
例:キヅタ
花序の先端から放射状に花柄が伸びるもの

●複数散房状花序
例:ガマズミ
いくつかの散房花序(さんぼうかじょ)がさらに散房状についたもの

●尾状花序
例:ハンノキ
花序が垂れ下がり見た目が動物の尾のように見えるもの

●頭状花序
例:コウヤボウキ
キク科によく見られ、複数の花が集まってひとつの花のようになる

●隠頭花序
例:イヌビワ
イチジクの仲間に見られる特殊な形態の花序

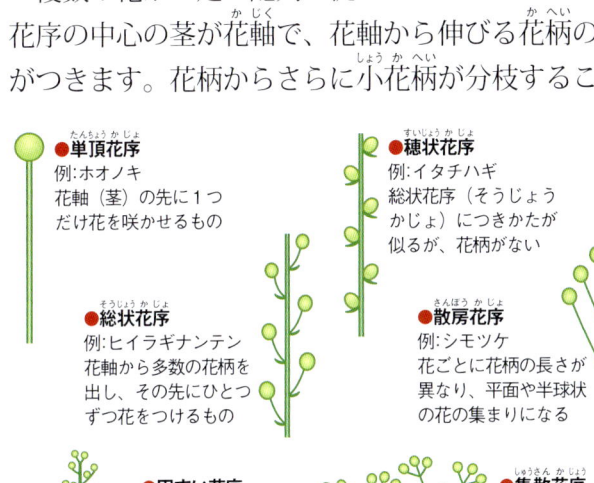

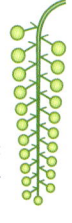

5 葉のつくりとつき方

ここでは、葉のつくりと各部名称、それから、葉のつき方の名称のうち代表的なものを紹介します。

●葉のつくり

葉身（ようしん）
葉の本体に相当する部分

主脈
真ん中を通る太い葉脈

側脈
主脈から分枝した葉脈

基部
葉の根もとに近い部分

葉柄（ようへい）
葉と茎をつなぐ短い茎のような部分。葉柄のない種類も多い

托葉（たくよう）
葉と茎が接する部分にあり、葉状や刺状など形は多様

●葉のつき方

対生（たいせい）
2枚の葉が向かい合ってつく

互生（ごせい）
葉は1枚ずつ互い違いにつく

輪生（りんせい）
茎の節ごとに数枚の葉がつく

束生（そくせい）
1カ所から束状に複数枚の葉が出る

6 葉の形と呼び名

葉の全体・先端・基部・縁の形状を示す用語の中から、代表的なものを紹介します。

●葉の全体形

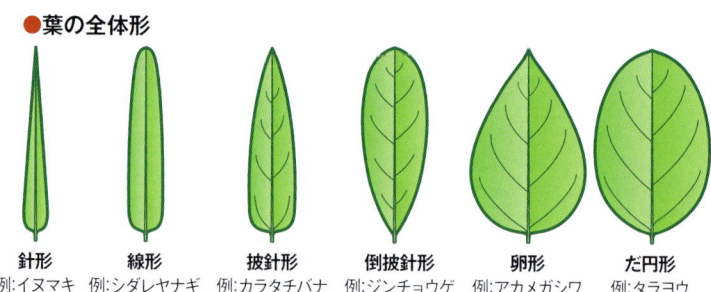

針形
例：イヌマキ

線形
例：シダレヤナギ

披針形
例：カラタチバナ

倒披針形
例：ジンチョウゲ

卵形
例：アカメガシワ

だ円形
例：タラヨウ

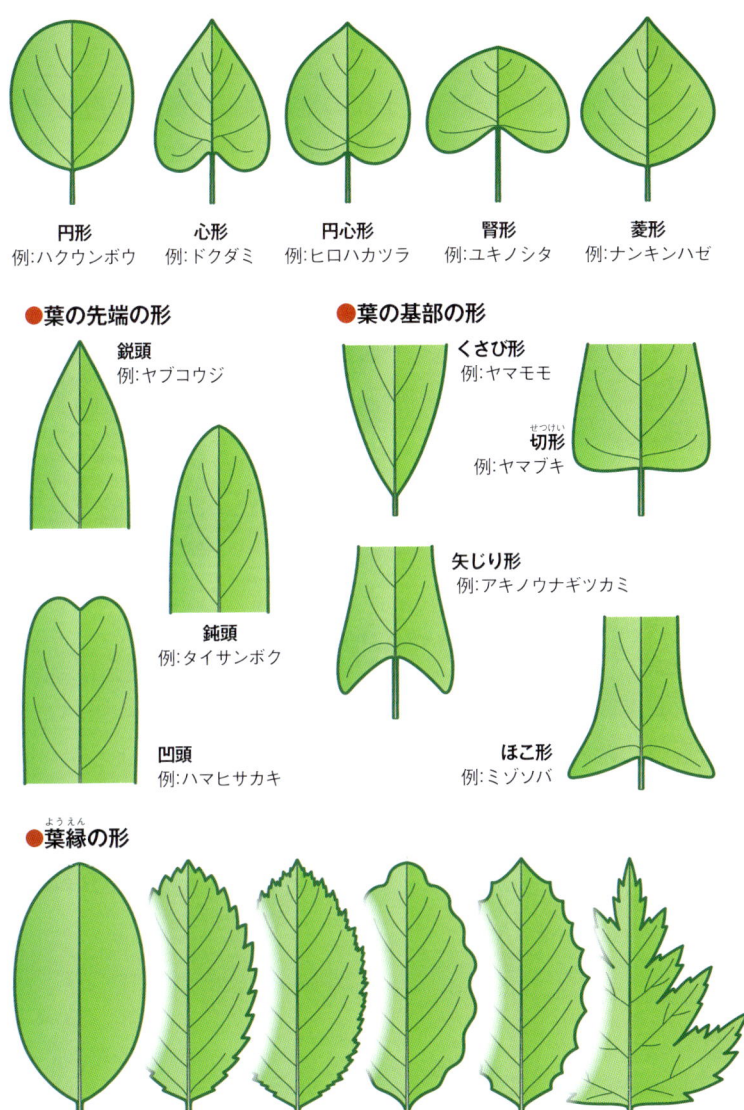

7 複葉の種類

複数の小葉が集まって1枚の葉となったものを複葉といいます。複葉の形態のうち代表的なものを紹介します。

●**3出複葉**
3枚の小葉からなるもの

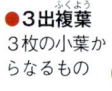
小葉

●**掌状複葉**
葉軸の先端から放射状に数枚の小葉が出たもの

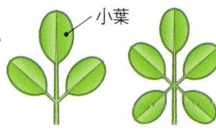

●**2〜3回羽状複葉**
羽状複葉がさらに細かく分かれたもの

●**奇数羽状複葉**
葉軸の左右に小葉が並び、さらに先端に小葉がひとつあるもの

葉軸

●**偶数羽状複葉**
葉軸の左右に小葉が並ぶが、先端の小葉はない

8 枝と芽のつき方

樹木観察では、芽を見るのも楽しいものです。冬は、落葉した木々の枝先につく冬芽を探してみましょう。

●**枝**

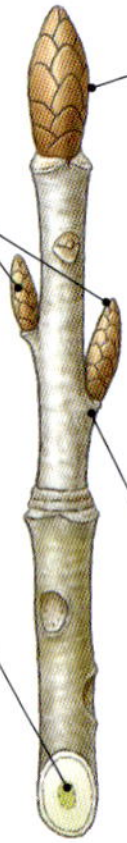

頂芽
枝の先端につく芽のこと

側芽
枝の側面につく芽のこと

芽鱗

●**鱗芽**
冬芽が鱗状の葉（芽鱗）で保護されているもの

髄
枝の中心部分の組織。ウツギなど空洞になる種類もある

葉痕
落葉後に残った葉の痕。種類によっては顔に見えるものも

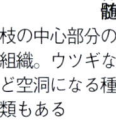
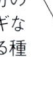

●**裸芽**
冬芽を保護するものがなく、むき出し状態のもの

❾ 果実のつくり

ここでは特に代表的な果実のつくりを紹介します。マメ科の豆果や、ブナ科の堅果など、分類ごとに特徴的なものから、蒴果など幅広い種類に見られる形態もあります。

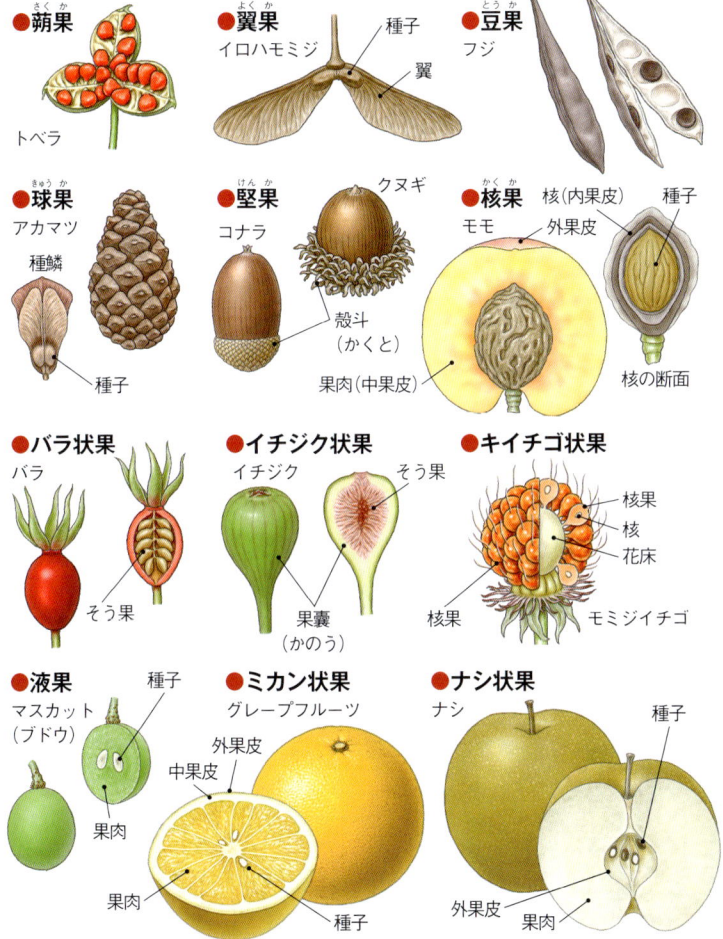

⑩ 樹皮の種類

樹皮の模様や質感は種類によって異なります。そのため、樹皮の特徴からもおおまかな樹種が推定できます。

縦模様 例：クロマツ

横模様 例：イボタノキ

なめらか 例：エノキ

裂状 例：イチイ

はがれ 例：サルスベリ

まだら 例：ケヤマハンノキ

本書に出てくる用語の解説

維管束（いかんそく）
植物の内部組織のひとつで、水分や栄養分を全体に運ぶ役割をもつ。人間でいえば血管のようなもの

がく筒（がくとう）
がく片が合着し、筒のようになった部分

仮種皮（かしゅひ）
種皮のように種子を包むもの。胚珠の柄などが発達してできる

果床（かしょう）
イヌマキなどの裸子植物で、雌花の柄部分が肥大したもの

花穂（かすい）
専門用語ではないが、穂のように咲く花を指す。花序を区別なく簡潔に表現する場合に用いられる

花被片（かひへん）
花弁（花びら）とがく片をひとまとめにした呼称

気孔（きこう）
葉の裏に多い開閉式の小さな穴のこと。水の蒸散や空気の出し入りを行っている。気孔が集まって帯状になった部分を気孔帯（きこうたい）という

気根（きこん）
枝の途中など、地中ではなく空気中に露出している根のこと。気根を乳房に見立て、子宝成就、安産祈願と仰ぐ地域もある

高杯形（こうはいけい）
合弁花の形態のひとつ。上部が水平に開き、下部が細い筒状になったものを指す

五倍子（ごばいし）
ウルシ科ヌルデ属の樹木にできる虫こぶを乾燥させたもの。おはぐろや皮なめしに用いるタンニン酸の原料

雌雄異株（しゆういしゅ）
雄花と雌花を別の個体が咲かせること。ひとつの個体で雄しべと雌しべを両方備える場合は雌雄同株（しゆうどうしゅ）という

集合果（しゅうごうか）
複数の小さな果実が集まってつき、ひとつの果実に見えるもの

重弁花（じゅうべんか）
花弁が重なった花を指す。八重咲きと同じ意味

装飾花（そうしょくか）
雄しべや雌しべが退化し、がく部分が大きく発達した花のこと。アジサイの仲間に多い

総苞（そうほう）
花の芽を保護するために葉が変化した苞（ほう）が、花序の基部に集まったがくのようなものを指す。総苞ひとつひとつを総苞片という

袋果（たいか）
果実の形態の一種で成熟した後、合わせ目が袋を開けたように裂けて種を落とす

倒卵形（とうらんけい）
葉の形を表現する名前のひとつ。卵を逆さにした時のように葉の先端が丸く広く、つけ根の方がすぼまった形のこと。似たものに倒卵状に円形、卵状だ円形などがある

木本（もくほん）
地上の茎が多年にわたり太くなりなど、草は草本（そうほん）という

八重咲き
花弁の枚数が本来の種の特徴としての枚数よりも明らかに多いもの。雄しべと雌しべが花弁に変化し、種子ができないものも多い

葉化（ようか）
花弁が葉のように変化すること。ファイトプラズマという微生物によって起きることが多い

葉軸（ようじく）
羽状複葉（P.12参照）で、中央にある軸部分のこと

葉鞘（ようしょう）
イネ科など単子葉植物で、葉の基部が筒状になって茎を包んだもの

> 花色、果実、葉っぱ、樹皮でひける

写真もくじ

本書で取り上げている樹木の花、果実、葉っぱ、樹皮でひける写真もくじです。花と果実は同系統の色で分類し、葉っぱ、樹皮は近い仲間やよく似たものを集めました。個体差や環境によって色の濃淡や色調の違いがありますが、本書では主な色を記載しています。

花色　黄・橙色系 ▶

エンゼルトランペット
▶P.62
花期:6〜9月

シナレンギョウ
▶P.69
花期:4月

キンモクセイの仲間
▶P.74
花期:9〜10月

オウバイ
▶P.76
花期:2〜4月

サンシュユ
▶P.96
花期:3〜4月

タラヨウ
▶P.117
花期:5〜6月

サンショウ
▶P.135
花期:4〜5月

ナンキンハゼ
▶P.137
花期:7月

アオツヅラフジ
▶P.154
花期:7〜8月

キンシバイ
▶P.155
花期:6〜7月

ビヨウヤナギ
▶P.156
花期:6〜7月

メギ
▶P.157
花期:4月

ヒイラギナンテン
▶P.159
花期:3〜4月

エニシダ
▶P.161
花期:4〜5月

マンサク
▶P.172
花期:3〜4月

ヒュウガミズキ
▶P.173
花期:3〜4月

シダレヤナギ
▶P.177
花期:3〜4月

イヌシデ
▶P.179
花期:4〜5月

ユリノキ
▶P.193
花期:5〜6月

花色 赤・ピンク色系

シキミ
▶P.195
花期:3〜4月

ロウバイ
▶P.201
花期:1〜2月

ヤマブキ
▶P.226
花期:4〜5月

サルトリイバラ
▶P.244
花期:4〜5月

コノテガシワ
▶P.40
花期:3〜4月

ツキヌキニンドウ
▶P.52
花期:5〜9月

ウグイスカグラ
▶P.53
花期:3〜5月

ハコネウツギ
▶P.57
花期:5〜6月

ノウゼンカズラ
▶P.58
花期:7〜8月

キリ
▶P.59
花期:5〜6月

キョウチクトウ
▶P.67
花期:6〜9月

ツツジの仲間
▶P.81
花期:4〜5月

カルミア
▶P.86
花期:4〜6月

セイヨウシャクナゲ
▶P.87
花期:4〜6月

ザクロ
▶P.98
花期:6月

サルスベリ
▶P.99
花期:7〜10月

ムクゲ
▶P.106
花期:8〜9月

ハイビスカス
▶P.107
花期:7〜9月

ヤブツバキ
▶P.140
花期:12〜4月

ツバキ(園芸種)の仲間
▶P.142
花期:10〜5月

ヤマハギ
▶P.162
花期:7〜9月

ハナズオウ
▶P.164
花期:4月

ネムノキ
▶P.165
花期:6〜7月

ボタン
▶P.204
花期:4〜5月

サクラの仲間
▶P.208
花期:3～4月

ハナモモ
▶P.216
花期:4月

ハマナス
▶P.217
花期:6～8月

バラの仲間
▶P.218
花期:通年

ハナカイドウ
▶P.228
花期:4月

クサボケ
▶P.229
花期:4～5月

ボケ
▶P.230
花期:3～4月

カリン
▶P.231
花期:4～5月

シモツケ
▶P.238
花期:5～8月

花色

紫・青色系 ▶

ブッドレア
▶P.60
花期:6～10月

クコ
▶P.61
花期:7～11月

ムラサキシキブ
▶P.63
花期:6～8月

アケビ
▶P.152
花期:4～5月

ミツバアケビ
▶P.153
花期:4～5月

フジ
▶P.160
花期:5～6月

アジサイの仲間
▶P.167
花期:6～7月

ベニバナトキワマンサク
▶P.171
花期:4～5月

ナワシロイチゴ
▶P.225
花期:5～6月

花色

白色系 ▶

ハナゾノツクバネ
ウツギ ▶P.50
花期:6～10月

スイカズラ
▶P.51
花期:5～6月

ガマズミ
▶P.54
花期:5～6月

サンゴジュ
▶P.55
花期:6月

ニワトコ
▶P.56
花期:3～5月

クチナシ
▶P.65
花期:6〜7月

ハクチョウゲ
▶P.66
花期:5〜7月

テイカカズラ
▶P.68
花期:5〜7月

イボタノキ
▶P.70
花期:5〜6月

ヒイラギ
▶P.73
花期:11〜12月

エゴノキ
▶P.77
花期:5〜6月

ヤブコウジ
▶P.78
花期:7〜8月

リョウブ
▶P.80
花期:6〜8月

アセビ
▶P.84
花期:2〜5月

ドウダンツツジ
▶P.85
花期:4〜5月

ミズキ
▶P.95
花期:5〜6月

キブシ
▶P.100
花期:3〜4月

ミツマタ
▶P.102
花期:3〜4月

ジンチョウゲ
▶P.103
花期:2〜4月

アオギリ
▶P.104
花期:5〜6月

ホルトノキ
▶P.105
花期:7〜8月

イヌツゲ
▶P.114
花期:6〜7月

マユミ
▶P.119
花期:5〜6月

トチノキ
▶P.123
花期:5〜6月

ユズ
▶P.132
花期:4〜5月

カラタチ
▶P.133
花期:4〜5月

キンカン
▶P.134
花期:6〜7月

サザンカ
▶P.141
花期:10〜12月

チャ
▶P.144
花期:10〜11月

ナツツバキ
▶P.148
花期:6〜7月

モッコク ▶P.149 花期:6〜7月	ムベ ▶P.151 花期:4〜5月	ナンテン ▶P.158 花期:5〜6月	ハリエンジュ ▶P.163 花期:5〜6月	トベラ ▶P.166 花期:4〜6月

ウツギ ▶P.170 花期:5〜7月	ネコヤナギ ▶P.176 花期:3月	コブシ ▶P.190 花期:3〜4月	ハクモクレン ▶P.191 花期:3〜4月	ホオノキ ▶P.192 花期:5〜6月

ゲッケイジュ ▶P.199 花期:4月	ウワミズザクラ ▶P.213 花期:4〜5月	ウメの仲間 ▶P.214 花期:12〜3月	ノイバラ ▶P.222 花期:5〜6月	モミジイチゴ ▶P.223 花期:4〜5月

クサイチゴ ▶P.224 花期:3〜4月	シロヤマブキ ▶P.227 花期:4〜5月	カマツカ ▶P.232 花期:4〜6月	レッドロビン ▶P.233 花期:4〜5月	シャリンバイ ▶P.234 花期:5月

ビワ ▶P.235 花期:11〜1月	ピラカンサ ▶P.236 花期:5〜6月	コデマリ ▶P.239 花期:4〜5月	ユキヤナギ ▶P.240 花期:3〜4月	コゴメウツギ ▶P.241 花期:5〜6月

花色 緑・茶色系

クロマツ
▶P.30
花期:5月

アカマツ
▶P.31
花期:4〜5月ごろ

ナギ
▶P.37
花期:5〜6月

ハナミズキ
▶P.94
花期:4〜5月

ゴンズイ
▶P.112
花期:5〜6月

ニシキギ
▶P.118
花期:5〜6月

ヤマモモ
▶P.174
花期:3〜4月

タブノキ
▶P.197
花期:4〜5月

クロモジ
▶P.198
花期:4〜5月

果実 黄・橙色系

イチョウ
▶P.28
種子:10〜11月

マサキ
▶P.121
果期:11〜1月

ヌルデ
▶P.129
果期:10〜11月

ユズ
▶P.132
果期:11〜2月

キンカン
▶P.134
果期:11〜2月

エノキ
▶P.187
果期:9月

ウメの仲間
▶P.214
果期:6〜7月

モミジイチゴ
▶P.223
果期:6〜7月

クサボケ
▶P.229
果期:11〜2月

カリン
▶P.231
果期:10〜11月

ビワ
▶P.235
果期:5〜6月

果実 赤・ピンク色系

イチイ
▶P.45
種子:9〜11月

ウグイスカグラ
▶P.53
果期:5〜6月

 ガマズミ ▶P.54 果期:9〜11月	 サンゴジュ ▶P.55 果期:8〜10月	 ニワトコ ▶P.56 果期:6〜8月	 クコ ▶P.61 果期:8〜12月	 オリーブ ▶P.72 果期:11月
 ヤブコウジ ▶P.78 果期:10〜11月	 マンリョウ ▶P.79 果期:11〜3月	 ハナミズキ ▶P.94 果期:9〜10月	 サンシュユ ▶P.96 果期:9〜11月	 アオキ ▶P.97 果期:12〜5月
 クロガネモチ ▶P.115 果期:11〜12月	 モチノキ ▶P.116 果期:11〜12月	 ツリバナ ▶P.120 果期:9〜10月	 ツルウメモドキ ▶P.122 果期:10〜12月	 サンショウ ▶P.135 果期:9〜12月
 モッコク ▶P.149 果期:10〜11月	 ナンテン ▶P.158 果期:10〜11月	 マルベリー ▶P.188 果期:6〜7月	 コブシ ▶P.190 果期:10〜11月	 サネカズラ ▶P.194 果期:10〜11月
 シロダモ ▶P.200 果期:10〜11月	 センリョウ ▶P.203 果期:11〜3月	 ハマナス ▶P.217 果期:8〜9月	 ノイバラ ▶P.222 果期:9〜11月	 クサイチゴ ▶P.224 果期:5〜6月

ナワシロイチゴ ▶P.225 果期：6〜7月	カマツカ ▶P.232 果期：10〜11月	ピラカンサ ▶P.236 果期：10〜2月	ナナカマド ▶P.237 果期：9〜10月	サルトリイバラ ▶P.244 果期：11〜12月
	**果実 紫・青・黒色系 ▶**			
ナギイカダ ▶P.245 果期：10〜11月		スイカズラ ▶P.51 果期：9〜12月	クサギ ▶P.64 果期：10〜11月	ネズミモチ ▶P.71 果期：10〜12月

キヅタ ▶P.92 果期：5〜6月	タラノキ ▶P.93 果期：11〜12月	イイギリ ▶P.101 果期：10〜11月	ホルトノキ ▶P.105 果期：11〜2月	エビヅル ▶P.108 果期：10〜11月

ゴンズイ ▶P.112 果期：9〜11月	ユズリハ ▶P.136 果期：11〜12月	ヒサカキ ▶P.150 果期：10〜11月	アオツヅラフジ ▶P.154 果期：10〜11月	ヤマモモ ▶P.174 果期：6〜7月

ハンノキ ▶P.178 果期：10〜11月	ムクノキ ▶P.186 果期：10〜12月	クスノキ ▶P.196 果期：10〜11月	クロモジ ▶P.198 果期：9〜10月	シロヤマブキ ▶P.227 果期：9〜10月

シャリンバイ
▶P.234
果期:10〜11月

シュロ
▶P.246
果期:10〜11月

果実・種子
緑・茶色系 ▶

アカマツ
▶P.31
果期:開花の翌年

ヒマラヤスギ
▶P.33
果期:開花の翌年

スギ
▶P.34
種子:10〜11月

ナギ
▶P.37
種子:10〜11月

ヒノキ
▶P.38
種子:10〜11月

コノテガシワ
▶P.40
種子:10〜11月

カヤ
▶P.46
種子:8〜9月

ザクロ
▶P.98 ※完熟は赤色
果期:8〜10月

ノブドウ
▶P.109
果期:9〜11月

ニワウルシ
▶P.131
果期:7〜9月

ムベ
▶P.151
果期:10〜11月

アケビ
▶P.152
果期:9〜10月

トベラ
▶P.166
果期:11〜12月

オニグルミ
▶P.175
果期:9〜10月

マテバシイ
▶P.180
果期:9〜11月

スダジイ
▶P.181
果期:10〜12月

クヌギ
▶P.182
果期:10〜12月

コナラ
▶P.183
果期:10〜12月

イチジク
▶P.189 ※完熟は紫色
果期:8〜10月

ハナモモ
▶P.216
果期:7〜8月

写真目次の補足説明

樹種によっては花色が2色以上あるもの、複数の色柄などがあるため、すべての色を掲載できません。また果実についても地域や環境により色味が異なる場合があります。いずれもここでは、よく見かける代表的な色として掲載しています。

葉っぱ ▶

イチョウ
▶P.28 黄葉

ダイオウショウ
▶P.32

メタセコイア
▶P.35 紅葉

イヌマキ
▶P.36

サワラ
▶P.39

カイヅカイブキ
▶P.41

コニファーの仲間
▶P.42

ソテツ
▶P.47

ノウゼンカズラ
▶P.58

ブッドレア
▶P.60

エンゼルトランペット
▶P.62

ネズミモチ
▶P.71

ヒイラギ
▶P.73

キンモクセイの仲間
▶P.74

エゴノキ
▶P.77

マンリョウ
▶P.79

アセビ
▶P.84

ドウダンツツジ
▶P.85

セイヨウシャクナゲ
▶P.87

ハリギリ
▶P.90 黄葉

ヤツデ
▶P.91

ミズキ
▶P.95

アオキ
▶P.97

サルスベリ
▶P.99

ケヤキ
▶P.184 紅葉

アキニレ
▶P.185 紅葉

エノキ
▶P.187

イチジク
▶P.189

ハクモクレン
▶P.191

ホオノキ
▶P.192

シキミ
▶P.195

ゲッケイジュ
▶P.199

シロダモ
▶P.200

ロウバイ
▶P.201

カツラ
▶P.202 黄葉

センリョウ
▶P.203

ボケ
▶P.230

レッドロビン
▶P.233

コデマリ
▶P.239

ナギイカダ
▶P.245

樹皮 ▶ 模様別

イチョウ
▶P.28
樹皮:縦模様

クロマツ
▶P.30
樹皮:縦模様

アカマツ
▶P.31
樹皮:縦模様

ダイオウショウ
▶P.32
樹皮:縦模様

ヒマラヤスギ
▶P.33
樹皮:縦模様

スギ
▶P.34
樹皮:裂状

メタセコイア
▶P.35
樹皮:縦模様

イヌマキ
▶P.36
樹皮:縦模様

ヒノキ
▶P.38
樹皮:裂状

イチイ
▶P.45
樹皮:裂状

カヤ
▶P.46
樹皮:裂状

ソテツ
▶P.47
樹皮:その他

クサギ
▶P.64
樹皮:縦模様

イボタノキ
▶P.70
樹皮:横模様

アオギリ
▶P.104
樹皮:なめらか

ナツメ
▶P.111
樹皮:縦模様

クロガネモチ
▶P.115
樹皮:縦模様

タラヨウ
▶P.117
樹皮:まだら

ヤマハゼ
▶P.128
樹皮:縦模様

ナツツバキ
▶P.148
樹皮:はがれ

シダレヤナギ
▶P.177
樹皮:縦模様

クヌギ
▶P.182
樹皮:縦模様

コナラ
▶P.183
樹皮:縦模様

アキニレ
▶P.185
樹皮:まだら

ユリノキ
▶P.193
樹皮:縦模様

サネカズラ
▶P.194
樹皮:縦模様

クスノキ
▶P.196
樹皮:縦模様

タブノキ
▶P.197
樹皮:縦模様

カツラ
▶P.202
樹皮:横模様

カリン
▶P.231
樹皮:まだら

ナナカマド
▶P.237
樹皮:横模様

シュロ
▶P.246
樹皮:その他

イチョウ

Ginkgo biloba
- 花期:4〜5月
- 種子:10〜11月
- 黄葉:10〜11月

科 名	イチョウ科
和 名	イチョウ（銀杏・公孫樹）
樹 高	約30m
原 産	中国（諸説あり）
分 布	植栽（公園など）

秋に黄葉する樹木の代表種として人気が高い

　イチョウ科の樹木は中生代に栄えたが、現存するのはイチョウ1種のみである。雌雄異株で、雌株には悪臭のある種子ができる。種子は素手で触るとかぶれる恐れがある。また食用にもなるが、一度に多食すると中毒を起こす。

　葉の形は変化に富んでいるが、同じ木でも1枚1枚が違う。樹皮はコルク質で、指で軽く押すと弾力を感じる。樹齢を重ねた大木では、乳（ちち）と呼ばれる気根が垂れ下がることもある。

雄花。春に葉の展開とともに花を咲かせるが地味で目立たない

街路樹や公園樹として人気が高く寿命も長いため、しばしば見惚れるような大木を見かける

イチョウ発芽日は、気象庁が行う春の生物季節観測種目のひとつとなっている

種子はギンナンと呼ばれ、熟すと緑から橙色になる

ギンナンは食用になるが、素手で拾うとかぶれることもある

樹皮はコルク層が発達し独特の模様となる

イチョウの葉は落葉前に黄色くなる。このように、葉が黄色く色づくことを黄葉（こうよう）という

新しく伸びた枝の根元に多数の雄花がつく

雌花は新しく伸びた枝の先端につく（原則2個）

日本庭園にぴったりの樹形で、広く栽培される

科名	マツ科
和名	クロマツ（黒松）
樹高	約25m
原産	在来
分布	本・四・九

幹は黒っぽい色をしており、名前の由来となっている

園芸種
トラフクロマツ。葉に黄色い虎斑模様が入る園芸種

クロマツ

Pinus thunbergii
●花期：5月

幹は黒っぽい色をしていて、葉先はかたく触れると痛い

　日当たりのよい海岸の砂浜に多く自生するほか、公園や街路樹に広く使われる。潮風や乾燥にとても強い。幹が黒く荒々しい樹形からオマツ（雄松）の別名がある。葉は針状で2枚ずつつき、葉先はかたくて触るととても痛い。

見頃
1 2 3 4 5 6 7 8 9 10 11 12

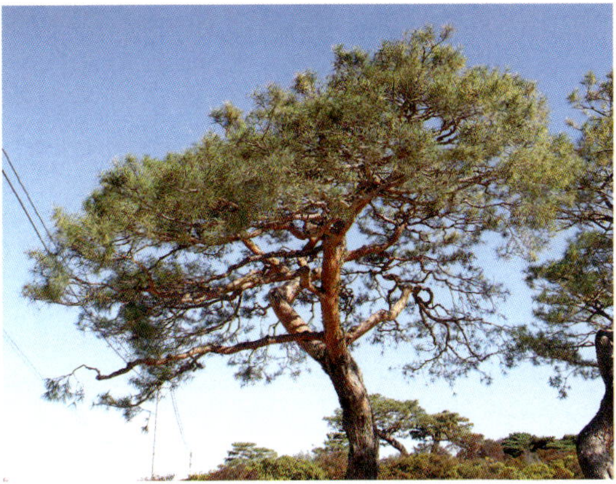
クロマツとともに庭園などに広く栽培される

雌花は新しく伸びた枝の先に2～3個つく

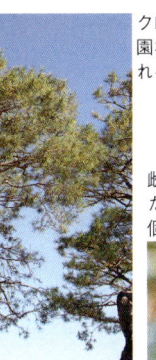

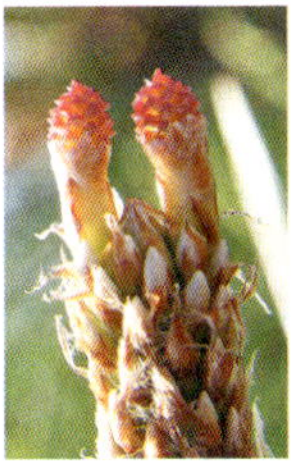

科 名	マツ科
和 名	アカマツ（赤松）
樹 高	約25m
原 産	在来
分 布	北（南部）・本・四・九

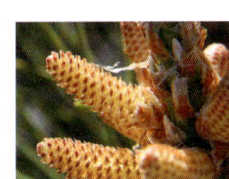

新しく伸びた枝に多数の雄花がつく。揺すると煙のように花粉が舞う

アカマツ

他 *Pinus densiflora*
●花期:4～5月 ●果期:開花の翌年

山地に多いマツで、幹は赤みがかり葉先はやわらかい

葉先はやわらかくて触れても痛くないため、メマツ（雌松）の別名がある。アカマツの自生林にはマツタケができることもある。公園にもよく栽培されるが、近年は、マツノザイセンチュウ（線虫）による立ち枯れ被害が多発している。

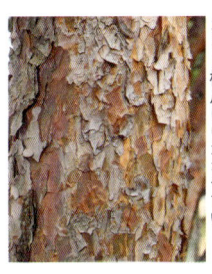

幹は赤みがかった色で、老木になると樹皮ははがれやすい

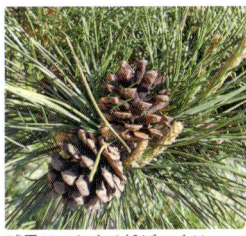

球果はいわゆる松ぼっくり

長い葉が筆状に垂れ下がり特徴的な姿をしている

1枚の葉の寿命がとても長く、数年は落葉せずに残る

科 名	マツ科
和 名	ダイオウショウ（大王松）
樹 高	30〜35m
原 産	北アメリカ
分 布	植栽（公園など）

葉は3枚ずつ束生。マツ類の識別には束生する葉の枚数も重要

樹皮は鱗状に亀裂が入り、はがれやすい

ダイオウショウ

Pinus palustris
●花期:4〜5月

マツ属の中でもっとも長い葉をつける北アメリカ原産の樹種

　葉の長さが特徴的なマツで、長いものでは50cm以上にも達する。英名はlongleaf pine（「葉の長いマツ」の意）である。和名の大王も葉の長さからつけられたといわれている。日本には大正時代に渡来し、庭園などで栽培される。

葉は針状で長さ4cm程度。銀色がかった美しい色をしている

科 名	マツ科
和 名	ヒマラヤスギ(ヒマラヤ杉)
樹 高	25〜50m
原 産	インド〜ヒマラヤ
分 布	植栽(公園など)

生長が早く、育てやすいため公園などでよく見かける

ヒマラヤスギ

Cedrus deodara
●花期:10〜11月　●果期:開花の翌年

名前にスギと入っているがスギ科ではなくマツ科の樹木

　公園や庭園用の樹種として世界中で利用されており、生長が早くてきれいな樹形を形成する。花期は秋で、雄花からは大量の花粉が出て地面が黄色くなるほど。球果は熟すとバラバラになり、種子とともに落下する。

樹皮は褐色で古くなるとはがれる

球果。熟すのに1年かかる

見頃: 2, 3, 4, 10, 11

スギは幹が真っ直ぐに立つのが特徴

雄花を揺らすと花粉が煙のように立ちのぼる

雌花は緑色で枝先にひとつずつつく

科 名	スギ科
和 名	スギ(杉)
樹 高	約50m
原 産	在来
分 布	本・四・九

樹皮は縦に裂けてはがれやすい

球果。ほぐすと中から種子が数個出てくる

スギ

 Cryptomeria japonica
●花期:2〜4月 ●種子:10〜11月

花粉症の原因になるが、材木として欠かせない樹種

　スギは日本固有種で、もともと山地に自生している。また、材木利用で必要不可欠な樹種であるため、人工的に造られたスギ林を見かける機会も多い。古くはマキ(真木)と呼ばれた。近年は花粉の出ない改良種も栽培される。

小枝に線形の葉が対生してつき、一見羽状複葉のように見える

科 名	スギ科
和 名	アケボノスギ（曙杉）
樹 高	約20m
原 産	中国南西部
分 布	植栽（公園など）

円錐形の美しい樹幹を形成する（写真は紅葉時期）

メタセコイア

Metasequoia glyptostroboides
●花期:2～3月 ●紅葉:10～11月

葉は秋になると赤く色づき、小枝ごと落下する

　かつては絶滅したと考えられていたが、1945年に中国の揚子江支流で発見され「生きた化石」として広く植栽されるようになった。現在は、公園樹や街路樹としておなじみの存在。花は2～3月頃で、雄花は穂状について垂れ下がる。

樹皮はスギに似て縦に裂ける

球果。熟すと果鱗が開き、すき間から種子を落とす

見頃: 5, 6

常緑樹で樹高は20m近くに達することも

赤い部分は果床で野鳥などに食べてもらい、先端の種を運んでもらうためにある

科名	マキ科
和名	イヌマキ（犬槇）
樹高	約20m
原産	在来
分布	本（関東以西）・四・九・沖

樹皮は縦に浅く裂け、はがれやすい

イヌマキ

 他

Podocarpus macrophyllus
●花期：5〜6月　●種子：10〜12月

変種のラカンマキとともに庭木や生垣に利用される

　関東以西の山地に自生するほか、庭木としても植栽される。雌雄別株で花は5〜6月頃。雄株は黄色い円柱形の穂を多数つけ、よく目立つ。雌株は青緑色の丸い種子をつけるが、その根もとにある果床は熟すと赤くなり食用になる。

ラカンマキ。 イヌマキの変種で、葉は小さめで密につく傾向がある

葉は楕円形で厚く光沢がある

見頃
1
2
3
4
5
6
7
8
9
10
11
12

- 科 名 ◆ マキ科
- 和 名 ◆ ナギ(梛)
- 樹 高 ◆ 約20m
- 原 産 ◆ 在来
- 分 布 ◆ 本(一部)・四・九(南部)・沖

雌雄異株で雌株は秋になると直径1.5cmほどの丸い種子をつける

ナギ

Nageia nagi
●花期:5〜6月 ●種子:10〜11月

葉はお守りに、種子の油は灯火に利用された

　暖かい地域の山地に自生し、奈良県の春日神社には国の天然記念物にも指定されている大規模な自生林がある。御神木として神社の境内によく植えられ、葉が分厚く、簡単にちぎれないことからチカラシバの別名もある。

雄花。円柱状の穂がいくつもつく

雌花。小さくてあまり目立たない

37

見頃: 1 2 3 4 5 6 7 8 9 10 11 12

幹は直立し、しばしば20m以上の大木になる

秋になると枝先に球果が多くつく

科名	ヒノキ科
和名	ヒノキ（檜）
樹高	約30m
原産	在来
分布	本（福島県以南）・四・九

樹皮はスギやサワラなど他の針葉樹とよく似る

園芸種

チャボヒバ。ヒノキの園芸種で、細かく枝分かれし枝先が扇形に広がる

ヒノキ

Chamaecyparis obtusa
●花期:4月 ●種子:10〜11月

材木の品質が良く、古くから建材として活用されてきた

　山地に自生する日本固有の針葉樹。材木の質が高いため建築材として人気があり、各地で人工林が造られている。雄花は花粉を飛ばすためスギと同様に花粉症の原因となる。ヒノキは「火の木」で、火おこしに使われたことから。

枝と葉の様子。鱗片状で小さな葉が枝に密につく

科 名	ヒノキ科
和 名	サワラ(椹)
樹 高	約30m
原 産	在来
分 布	本(岩手県以南)・四・九

雄花は枝先につき、やや黒っぽい色をしている

サワラ

Chamaecyparis pisifera
●花期:4月 ●種子:10〜11月

園芸種が多く庭木としての利用が多い

　本州から九州にかけての山林に自生する日本固有の針葉樹。ヒノキによく似るが、葉裏の気孔帯の形で見分けることができる。材がさわらか(やわらか)であり、サワラギと呼ばれたことが名前の由来となったと考えられている。

ヒノキの葉裏。白色の気孔帯はYの形

サワラの葉裏。白色の気孔帯はXの形

見頃
1
2
3
4
5
6
7
8
9
10
11
12

整然と並んだコノテガシワ

雌花。枝先に多数つき、色はサーモンピンクでよく目立つ

科 名	ヒノキ科
和 名	コノテガシワ（児の手柏）
樹 高	5～10m
原 産	中国
分 布	植栽（庭木など）

未熟な球果。淡青緑色でトゲトゲした形をしている

球果は熟すと花のように裂け、中から種子を出す

コノテガシワ

Thuja orientalis
●花期:3～4月　●種子:10～11月

枝の様子を子どもの手に見立てたことが名前の由来

　中国原産の常緑針葉樹で広く栽培されている。栽培されるものは、こんもりと丸い樹形にまとまっていることが多い。平面的に細かく分岐した枝が縦につく姿が特徴的。また、葉には表と裏の区別がなく気孔帯も目立たない。

生垣として植えられたカイヅカイブキ

見頃
1
2
3
4
5
6
7
8
9
10
11
12

科 名 ❖ ヒノキ科
和 名 ❖ カイヅカイブキ（貝塚伊吹）
樹 高 ❖ 5～10m
原 産 ❖ 園芸種
分 布 ❖ 植栽（庭木など）

枝を切ったあとに、針形の葉をつけた枝が出ることもある

カイヅカイブキ

Juniperus chinensis 'Kaizuka'
●花期:4月 ●種子:10～11月

枝がねじれて炎のような樹形になる

　生垣や庭木として広く利用されている樹種で、枝がねじれたような形状になるのが特徴。普通は小さな鱗片葉が密について細い紐のようになるが、剪定後に時折、針形の鋭い葉をつけた枝が出ることもある。

1.5mm程度の小さな鱗片葉が枝に密につく

近縁種

ハイビャクシン。イブキの変種で地面を這うように広がる

41

コニファーの仲間①

Chamaecyparis spp. / Cupressus spp. など
● 花期：種類による

科 名	ヒノキ科
和 名	モントレーイトスギ(モントレー糸杉)
樹 高	20〜25m
原 産	北アメリカ
分 布	植栽(鉢植えなど)

※代表種：モントレーイトスギ'ゴールドクレスト'

コニファーは針葉樹の総称 多様な葉色や樹形がある

　コニファー（conifer）には、球果（松かさ状のもの）をつける植物という意味がある。針葉樹の多くが球果をつけるため、コニファーは「針葉樹の総称」として使われている。スギやヒノキも立派なコニファーのひとつだが、園芸界では、もう少し狭い意味で「針葉樹のうち観賞用に栽培されるものの総称」として使われている。コニファーとして利用される種は、ヒノキ科やマツ科など複数の科にまたがっている。花は地味だが、葉色や樹形が豊富で庭のアクセントとして人気がある。

モントレーイトスギ'ゴールドクレスト'。もっとも多く栽培されるコニファーで、明るい葉色が美しい

ハイネズ'サンスプラッシュ'

ウスリーヒバ。シベリア東部原産で横に広がる

アリゾナイトスギ'ブルーアイズ'

アラスカヒノキ。アラスカなどに自生する

ニイタカビャクシン'ブルーカーペット'

ヌマヒノキ'レッドスター'

ニオイヒバ'グロボーサオーレア'

カナダトウヒ'コニカ'

カナダトウヒ'コニカ'の枝と葉。緑色の針状の葉が密につく

科名	マツ科
和名	カナダトウヒ（カナダ唐檜）
樹高	1〜3m
原産	北アメリカ
分布	植栽（鉢植えなど）

※代表種：カナダトウヒ'コニカ'

カナダトウヒ'ペンジュラ'

コロラドトウヒ'ブラウカプロカンベンス'

コニファーの仲間②

Picea spp.
●花期:5〜6月

トウヒ属のコニファーはクリスマスツリーとして人気

　コニファーのうち、マツ科トウヒ属に分類されるものはクリスマスツリーとしての利用が多い。特にカナダトウヒやコロラドトウヒの園芸種が多く栽培される。北海道の針葉樹林に自生するエゾマツもトウヒの仲間。

大木では20mに達するが、生長はとても遅い

見頃
1
2
3
4
5
6
7
8
9
10
11
12

科 名❖イチイ科
和 名❖イチイ(一位)
樹 高❖約20m
原 産❖在来
分 布❖北・本・四・九

葉は2列に並ぶことが多い

樹皮は縦に裂けてはがれやすい

イチイ

Taxus cuspidata

●花期:3〜5月 ●種子:9〜11月

地味な樹種だが秋につく種子を包む赤い仮種皮が可愛い

　寒冷地や亜高山帯に自生するほか、庭木や生垣にも使われる。葉はらせん状につくのが基本だが、枝先の方は葉が2列に並んでつくことが多い。種子は赤い仮種皮に包まれている。この仮種皮は甘くて食用になるが、種子は有毒。

種子は鮮やかな赤色の仮種皮に包まれるが、有毒なので注意

近縁種

キャラボク。イチイの変種で葉のつき方が不規則。庭木としてよく使われる

見頃: 1 2 3 4 **5** 6 7 **8 9** 10 11 12

生長は遅いものの、大木は樹高が20mを超えることも

葉わきについた雌花の冬芽

針形の葉は先端がとがって触ると痛い

科 名	❖ イチイ科
和 名	❖ カヤ（榧）
樹 高	❖ 約20m
原 産	❖ 在来
分 布	❖ 本（宮城県以南）・四・九

樹皮は白っぽく、縦に裂けてはがれやすい

カヤ

Torreya nucifera
●花期:5月　●種子:8〜9月

種子は食用になるほか油を採るのにも使われた

　山地に自生するほか、農家の庭先や神社にもしばしば植栽される。種子は、緑色で独特の芳香がある仮種皮に包まれる。雰囲気がよく似たものにイヌガヤがある。カヤの葉先がとがって痛いのに対し、イヌガヤは痛くない。

種子は緑色の仮種皮に包まれる

露地植えされたソテツ。暖地では屋外でも越冬可能

科名	ソテツ科
和名	ソテツ(蘇鉄)
樹高	2〜6m
原産	在来
分布	九(南部)・沖

葉は羽状複葉で長さは50cm以上になる

ソテツ

Cycas revoluta
●花期:6〜8月　種子:9〜11月

自生種は九州南部から沖縄にかけての海岸に生える

　関東以西の暖地では屋外でも越冬が可能なため、庭木としてしばしば栽培されている。幹は太く、ほとんど枝分かれせず年輪もない。雌雄異株で、雄株・雌株ともに幹の先端に花を咲かせる。種子は熟すと朱色になる。

幹は葉の痕が残ってゴツゴツした感じになる

葉は幹の先端にまとまってつく

樹木なるほどコラム ❶

よく聞く有名な木（日本原産編）

ブナ、カシワ、シラカバなど、名前を耳にする機会が多い
おなじみの樹木をピックアップしてみました。

カシワ

●花期:5～6月　●果期:10～11月

柏餅の葉としておなじみ

　いわゆるドングリが実る木のひとつで、庭木としても栽培される。大きな葉をつけ、柏餅を包むのに使われている。

- ❖科名／ブナ科　❖和名／カシワ
- ❖樹高／約15m　❖原産／在来
- ❖分布／北・本・四・九

初夏に地味ながらも花を咲かせる（上）。果実は約1年かけて翌年の秋に熟す（左）

アカガシ

●花期:5～6月　●果期:10～12月

材木は赤みがかった色

　ドングリが実る木で西日本に多い。屋敷林として防風目的に植栽されるほか、非常に硬いため剣道の木刀などにも利用される。

- ❖科名／ブナ科　❖和名／アカガシ
- ❖樹高／約20m　❖原産／在来
- ❖分布／本・四・九

葉は全縁で殻斗（※どんぐりの帽子）は、横から見るとしま模様

シラカバ

● 花期:4～5月　● 果期:6～7月

北日本や高原を代表する樹種

　本州中部以北の高原及び、北海道に見られる樹種。白い樹皮が特徴で遠目からもよく目立つ。

- ❖ 科名／カバノキ科
- ❖ 和名／シラカバ
- ❖ 樹高／10～25m
- ❖ 原産／在来
- ❖ 分布／北・本

特有の白い樹皮で葉のない時期も識別できる

本州では高原地帯でよく見かける

ヤドリギ

● 花期:2～3月　● 果期:10～12月

樹木に寄生する木として有名

　エノキなどの広葉樹に寄生する。種子は粘液に覆われているため、べっとりと幹につく。

幹に寄生するヤドリギ

葉はへら形で対生する

- ❖ 科名／ヤドリギ科
- ❖ 和名／ヤドリギ
- ❖ 樹高／0.5～0.8m
- ❖ 原産／在来
- ❖ 分布／北・本・四・九

ブナ

● 花期:5～6月　● 果期:10～11月

日本の山林を代表する樹種

　果実は山の動物の食糧となる。また、ブナ林は保水力が高いため水源としても重要な存在。

- ❖ 科名／ブナ科
- ❖ 和名／ブナ
- ❖ 樹高／約30m
- ❖ 原産／在来
- ❖ 分布／北・本・四・九

堅果はソバの実に形が似る

葉の形は太平洋側と日本海側で異なる（写真は日本海側のもの）

花冠は少しピンクがかった白色

科 名	スイカズラ科
和 名	ハナゾノツクバネウツギ（花園衝羽根空木）
樹 高	約2m
原 産	園芸交雑種
分 布	植栽（公園など）

枝先に芳香のある花を多数つける

桃色の花を咲かせる園芸種

園芸種

ハナゾノツクバネウツギ'ホープレイズ'。葉に斑が入る園芸種

ハナゾノツクバネウツギ

Abelia × *grandiflora*
●花期:6〜10月

アベリアの名前で都市公園によく植えられている

　*Abelia chinensis*と*Abelia uniflora*の交配によって誕生した園芸種。都市公園や道路わきの植え込みとして人気が高く、街中では頻繁に目にする。がくの形がはねつきの羽根（衝羽根）に似ている。結実はしない。

スイカズラの自生状況。山野の林縁に多い

見頃
| 1 |
| 2 |
| 3 |
| 4 |
| 5 |
| 6 |
| 7 |
| 8 |
| 9 |
| 10 |
| 11 |
| 12 |

- 科名 ❖ スイカズラ科
- 和名 ❖ スイカズラ（吸葛）
- 樹高 ❖ つる性
- 原産 ❖ 在来
- 分布 ❖ 北(南端)・本・四・九

花の奥の方に甘い蜜があって、それを子どもが吸ったことから「吸葛」

スイカズラ

Lonicera japonica
●花期：5〜6月　●果期：9〜12月

花は白色だが、のちに黄色くなるため金銀花の別名も

　山野の林縁によく見られ、あちこちに絡みつくようにしながらつるを伸ばす。初夏に白い花を咲かせるが時間の経過とともに黄色くなる。常緑樹で、冬の寒さに耐えながらも葉をつけている様子からニンドウ（忍冬）の別名もある。

葉は冬でも青々としている

果実は黒色で光沢があり、通常2つずつ並んでつく

見頃
1
2
3
4
5
6
7
8
9
10
11
12

つる性の木本で、よく育ったものは盛んに枝分かれして茂る

見かける頻度は少ないが、赤い実ができる

科 名	スイカズラ科
和 名	ツキヌキニンドウ（突抜忍冬）
樹 高	つる性
原 産	北アメリカ
分 布	植栽（庭木など）

花序に近い葉は貫かれたような面白い形になる

花序と離れた葉は短い柄があり、対生してつく

ツキヌキニンドウ

Lonicera sempervirens

●花期:5〜9月　●果期:9〜12月

花序の下の葉がくっついて枝が葉を突き抜くように見える

　北アメリカ原産のつる性花木で、庭木として栽培されている。枝先にとても鮮やかな朱色の花を多数つける。葉は青緑色で、葉裏はロウ状物質に覆われて白っぽく見える。9〜12月に赤く丸っこい果実ができる。

花は枝先の葉わきにつく

葉は広だ円形で無毛

科名	スイカズラ科
和名	ウグイスカグラ(鶯神楽)
樹高	約2m
原産	在来
分布	北(南部)・本・四・九

春の雑木林で淡紅色の花を咲かせる

ウグイスカグラ

Lonicera gracilipes var. glabra
●花期:3〜5月　●果期:5〜6月

低木なので春に咲く
淡紅色の花は観察しやすい

　里山の林縁など、いたるところで見られる落葉低木。春に淡紅色の花を下向きに咲かせる。名前の由来は諸説ありはっきりしない。日本固有種。花や葉に毛がまばらに生えたものは、ヤマウグイスカグラという。

6月頃に鮮やかな赤い果実ができ、食べられる

近縁種

ミヤマウグイスカグラ。ウグイスカグラの変種で、山地に生え全体的に腺毛が多い

見頃: 3・4・5・6

53

見頃: 5, 6, 9, 10, 11, 12

葉の形は近縁種と見分けるポイントのひとつ

ガマズミは紅葉も鮮やかで美しい

初夏に小さな白い花を多数咲かせる

科 名	スイカズラ科
和 名	ガマズミ（莢蒾）
樹 高	約5m
原 産	在来
分 布	北（西南部）・本・四・九

冬芽の芽鱗と葉痕。冬季のみ観察できる貴重な部分

晩秋の雑木林で鮮やかな赤い果実が目立つ

ガマズミ

Viburnum dilatatum

●花期:5〜6月 ●果期:9〜11月 ●紅葉:10〜12月

初夏の白い花と秋の赤い実が雑木林に彩りを添える

平地の雑木林から山地にかけて、いたるところに普通に見られる。晩秋に実る多数の赤い果実は、酸味が強いもののジャムなどに利用できる。ちなみにガマズミの名前の由来は諸説あり、よく分かっていない。

6月頃に小さな白い花を多数咲かせる

科 名	スイカズラ科
和 名	サンゴジュ（珊瑚樹）
樹 高	約20m
原 産	在来
分 布	本（関東以西）・四・九・沖

公園に植栽されたサンゴジュ。自生は暖地の海沿いに限られる

サンゴジュ

Viburnum odoratissimum var. awabuki
●花期:6月 ●果期:8～10月

刈り込みに強く、生垣や街路樹に利用されている

　強い光沢をもつ深緑色の葉が印象的な照葉樹。公園樹や生垣など植栽されたものを見かける機会が多い。8～10月に赤い果実がぎっしりとつき、枝先も赤くなるため、これを珊瑚に見立てて名前がつけられた。

果実は赤く熟すが、完熟すると黒くなる

樹皮は灰褐色で皮目がある

開きつつある芽。独特の形をしていて目立つ

見頃: 3/4/5

春に白い花をぎっしりと咲かせる

ひとつの花は直径4mm程度

科名	スイカズラ科
和名	ニワトコ（庭常）
樹高	3〜5m
原産	在来
分布	本・四・九

早春の芽吹き。カリフラワーのようなつぼみが見える

6〜8月に小さな赤い果実をぎっしりとつける

ニワトコ

Sambucus racemosa subsp. sieboldiana

●花期：3〜5月　●果期：6〜8月

早春に新芽の展開とともに白い花を咲かせる

　道ばたや林縁など、わりと身近な場所に多く見られる。枝の中に太い髄があり、植物を顕微鏡で観察するときに、組織をカミソリで薄く切る際の支えとして利用される。セッコツボク（接骨木）の別名がある。

途中で花色が変化するため2色の花が混じる

科 名	スイカズラ科
和 名	ハコネウツギ(箱根空木)
樹 高	3〜5m
原 産	在来
分 布	北(南部)・本・四・九

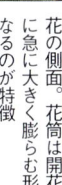

花の側面。花筒は開花前に急に大きく膨らむ形になるのが特徴

ハコネウツギ

Weigela coraeensis
●花期:5〜6月

名にハコネとつくが、箱根で自生しているものは少ない

　海岸近くの山林に自生する日本固有種。近縁のタニウツギとともによく公園に植栽される。花の咲きはじめは白色だが、次第に赤紫色へと変わる。最初から花色が赤紫色のベニバナハコネウツギなどいくつかの品種がある。

葉はだ円形で表面に光沢がある

冬芽は褐色の芽鱗に包まれている

樹皮は縦に裂けてはがれる

見頃: 7, 8

鮮やかな橙色の花をややまばらにつける

花筒とがくの様子

科名	ノウゼンカズラ科
和名	ノウゼンカズラ(陵霄花)
樹高	つる性
原産	中国
分布	植栽(庭木など)

葉は奇数羽状複葉で、小葉の数は7〜9枚程度

近縁種

アメリカノウゼンカズラ。花はつるの先端にかたまってつく。小葉の数は9〜11枚程度

ノウゼンカズラ

Campsis grandiflora
●花期:7〜8月

鮮やかな橙色の花を咲かせ盛夏の庭先を彩る

　中国原産で、古い時代に日本に渡来し庭木として広く栽培されている。橙色の花を次々咲かせるが日本では結実しにくく終わるとぽろっと取れてしまう。なお、汁液は有毒で素手で触ったり目に入ると炎症を起こすので注意が必要。

花が咲くとあたりは甘い香りに包まれる

花冠は釣鐘型で外側は短毛が密生する。がくも茶色い毛が多い

科 名	ゴマノハグサ科
和 名	キリ(桐)
樹 高	8〜15m
原 産	中国中部
分 布	植栽(庭木など)

キリ

Paulownia tomentosa
●花期:5〜6月

嫁入り道具の桐だんすは軒先に植えた木を使ってきた

　古くから民家の軒先などで栽培され、知名度の高い樹種のひとつ。そのためか、葉の形がキリに似た樹木には○○ギリの和名がつけられていることが多い。生長が早く高木になるため、花は遠くからでもよく目立つ。

葉は大型で、切れ込みが入って三角形や五角形のようになる

果実はくちばしのようにとがり、熟すと2つに裂開する

見頃: 6, 7, 8, 9, 10

枝先に紫色の花の房がつく

花冠の上部は4〜5裂する

科 名	フジウツギ科
和 名	フサフジウツギ（房藤空木）
樹 高	1.5〜3m
原 産	中国・アフリカ北部・北アメリカなど
分 布	植栽（庭木など）

葉は卵状長だ円形

ブッドレア

Buddleja davidii
●花期:6〜10月

花が咲くとたくさんのチョウが集まってくる

　ブッドレアは、フジウツギ（*Buddleja*）属の総称。そのうち日本で栽培されるのは中国原産のフサフジウツギ。花によくチョウが集まるため、英名はバタフライブッシュ。秩父で発見されたためチチブフジウツギの別名もある。

果実は細長いさく果で、中に細かい種子が多数入っている

見頃: 7, 8, 9, 10, 11, 12

葉はだ円形で無毛

科名	ナス科
和名	クコ(枸杞)
樹高	1〜2m
原産	在来
分布	本・四・九・沖

淡紫色で星形の花を次から次へと咲かせる

クコ

Lycium chinense
● 花期:7〜11月　● 果期:8〜12月

河原に多く見られ、トウガラシのような赤い実がなる

　日当たりのよい場所によく見られ、特に河原や海岸付近では群生していることも多い。若葉が食用になるほか、果実は中華料理などに利用される。花期・果期ともに長く、花と赤い果実が同時に観察できることも多い。

枝には鋭い刺があり、うっかり触ると痛い

果実は夏の終わりから初冬にかけ、わりと長期間見られる

見頃: 1 2 3 4 5 **6 7 8 9 10** 11 12

葉も花も大きくて人目をひく

花を正面から見ると、形はアサガオに似ている

科名	ナス科
和名	キダチチョウセンアサガオ（木立朝鮮朝顔）
樹高	3〜5m
原産	ブラジル
分布	植栽（公園など）

葉は10〜20cmでやわらかい

白い花を咲かせる園芸種

エンゼルトランペット

Brugmansia spp.
●花期:6〜10月

名前の可愛さとは裏腹に猛毒なので取り扱いに注意

　かつてはチョウセンアサガオ（*Datura*）属に分類されていたため、ダチュラの名でも流通する。園芸種が多く花色も橙色、白色、ピンクなど豊富にある。寒さに弱く、越冬には5℃以上必要。強い毒をもつので誤食などに注意。

花はうすい紫色で花冠は4つに裂ける

科 名	クマツヅラ科
和 名	ムラサキシキブ（紫式部）
樹 高	3m
原 産	在来
分 布	ほぼ全国

果実は熟すと紫色になる

ムラサキシキブ

Callicarpa japonica
●花期：6〜8月　●果期：10〜12月

枯れ野となった初冬の里山で紫色の美しい果実が目立つ

　山野の林縁など、いたるところでよく見かける落葉低木。秋に紫色の果実ができ、しばらく枝に残っているため初冬の里山ではわりと目立つ。ムラサキシキブの名で公園などに植栽されるものの多くは近縁種のコムラサキ。

冬芽は裸芽と呼ばれる形態で葉の形がはっきりとわかる

近縁種

コムラサキ。 紫色の実がぎっしりとつくため人気があり、庭木としてよく栽培される

見頃: 1 2 3 4 5 6 **7 8 9 10 11** 12

自生するクサギ。花が咲くとチョウなどが集まってくる

花冠は白色で、雄しべ4本と花柱が花から大きくつき出す

真っ赤ながくと藍色の果実が晩秋の山林で目立つ

科 名	クマツヅラ科
和 名	クサギ（臭木）
樹 高	4〜8m
原 産	在来
分 布	ほぼ全国

樹皮は模様が複雑で、あちこちに裂け目ができる

クサギ

Clerodendrum trichotomum

●花期：7〜9月　●果期：10〜11月

葉の独特の臭いが名前の由来となっている

　山野に多い落葉小高木。名前は「臭い木」から来ており、葉を傷つけるとピーナッツのような強い臭気がある。がくは果実期まで残り、やがて鮮やかな赤色になる。果実は光沢のある藍色で、がくとのコントラストが美しい。

近縁種

ボタンクサギ。中国原産で観賞用に栽培されるが、繁殖力が強く各地で野生化している

クチナシはアジサイとともに梅雨期の花木の代表

見頃
1
2
3
4
5
6
7
8
9
10
11
12

- 科名❖アカネ科
- 和名❖クチナシ(梔子)
- 樹高❖1〜2m
- 原産❖在来
- 分布❖本(静岡以西)・四・九・沖

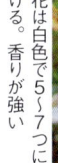

花は白色で5〜7つに裂ける。香りが強い

クチナシ

Gardenia jasminoides
●花期:6〜7月 ●果期:11〜12月

果実からとれる黄色い色素が染料や着色料になる

　暖地の林縁に自生するほか、公園や庭園に広く植栽される。梅雨のころに甘く濃厚な香りの白い花を咲かせる。花は一重咲きが普通だが、八重咲きのものも栽培される。果実の色素は栗きんとんやたくあんなどの着色にも使われる。

果実は橙色で先端にがくが残る

近縁種

コクチナシ。中国原産のクチナシの変種。クチナシに比べると葉も花も小さい

見頃: 5, 6, 7

生垣などによく利用される

花はやや紫がかった白色で、枝いっぱいについて美しい

科 名	アカネ科
和 名	ハクチョウゲ(白丁花)
樹 高	約1m
原 産	中国
分 布	植栽(庭木など)

葉に白い縁取りが入る斑入り種がよく栽培される

ハクチョウゲ

Serissa japonica

(他) ●花期:5〜7月

イヌツゲとともに生垣用の樹種として広く利用される

　ハクチョウゲは細かく枝分かれするうえ、刈り込みにかなり強いため生垣によく利用される。初夏に花を多数咲かせるがほとんど結実はしない。土に落ちた剪定枝からも根付くほどで、挿し木で簡単に殖やせる。

葉の基部にある托葉はトゲ状になるが、さわっても痛くはない

6〜9月にかけて、赤紫色の可愛らしい花を咲かせる

科名	キョウチクトウ科
和名	キョウチクトウ（夾竹桃）
樹高	約5m
原産	インド
分布	植栽（公園など）

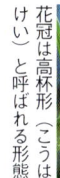

花冠は高杯形（こうはいけい）と呼ばれる形態

キョウチクトウ

Nerium indicum
●花期：6〜9月

排気ガスに強いため幹線道路や工業団地に植えられる

　インド原産の常緑高木で、大気汚染に強いため都市部の街路樹として広く栽培される。花色は赤紫色が典型的だが、白色や桃色などのバリエーションがある。全体に強い毒があるので、口にしないよう注意が必要。

白い花を咲かせるものもある

果実は細長い角のようなものができる

見頃: 5・6・7

つる性で、あちこちを覆い尽くす性質がある

花冠は5つに裂け、少しねじれたような独特の形をしている

科名	キョウチクトウ科
和名	テイカカズラ（定家葛）
樹高	つる性
原産	在来
分布	本・四・九

テイカカズラ

Trachelospermum asiaticum
●花期:5〜7月

常緑性のつる植物で壁面緑化によく使われる

　山野では、岩壁や大木の幹などをよじ登るようにして自生している。この性質を利用して、都市部の壁やフェンスの緑化に広く利用される。花は白色だが中心付近は濃黄色。名前のテイカは鎌倉時代の歌人、藤原定家（ふじわらのさだいえ）にちなんだもの。

果実は細長い袋果で、通常2本1組となっている

種子には冠毛があり、風によって運ばれていく

シナレンギョウのがくは小さく、暗紫色

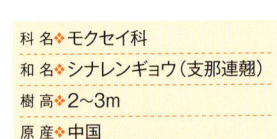

科 名	モクセイ科
和 名	シナレンギョウ（支那連翹）
樹 高	2～3m
原 産	中国
分 布	植栽（公園など）

シナレンギョウは葉の展開と同時に花をつける

シナレンギョウ

Forsythia viridissima
●花期:4月

レンギョウの仲間はよく似た種類がいくつか栽培されている

　レンギョウの仲間はレンギョウ、シナレンギョウ、チョウセンレンギョウの3種がよく栽培される。どれもよく似ており、まとめて単にレンギョウと呼ばれていることも多い。いずれも春に黄色い花をいっせいに咲かせて美しい。

シナレンギョウの葉は、上半分にのみ鋸歯がある

種子をこぼした後の果実の残骸

近縁種

チョウセンレンギョウ。花は葉の展開前に咲く。枝が横に長く広がる傾向がある

見頃
1
2
3
4
5
6
7
8
9
10
11
12

初夏の山野で枝先に白い花を咲かせる

樹皮は灰褐色で、はっきりとした模様がある

科 名	モクセイ科
和 名	イボタノキ（水蠟の木）
樹 高	2〜4m
原 産	在来
分 布	北・本・四・九

果実は熟すと紫がかった黒紫色になる

近縁種

セイヨウイボタ。ヨーロッパ原産で公園の植え込みなどに使われる。別名プリベット。

イボタノキ

Ligustrum obtusifolium

●花期：5〜6月　●果期：10〜12月

山野の林縁に多く 花期には多くの昆虫が集まる

　初夏、枝先に白い花をいくつも咲かせ、晩秋には黒紫色の丸い果実をつける。イボタロウムシ（カイガラムシの一種）がつくと枝が白い粉状のものに厚く覆われる。その白い粉は木製の家具を磨くのに利用された。

果実はやや細長い球形

見頃
1
2
3
4
5
6
7
8
9
10
11
12

科 名 ❖ モクセイ科
和 名 ❖ ネズミモチ(鼠黐)
樹 高 ❖ 5m
原 産 ❖ 在来
分 布 ❖ 本(関東以西)・四・九・沖

花は白色で、昆虫がよく集まる

ネズミモチ

Ligustrum japonicum
●花期:6月 ●果期:10~12月

都市部では近縁の外来種トウネズミモチの方が優勢

　暖地の山野に自生するほか、庭木や生垣などに広く栽培される。葉は揉むと青リンゴのような香りがする。黒く丸っこい果実がネズミの糞に似て、葉がモチノキの葉に似ることからネズミモチの名前がついたとされる。

葉は先がとがっただ円形で無毛。太陽にかざしても葉脈は透けない

近縁種

トウネズミモチ。中国原産。果実は球形で、葉に光を当てると葉脈が透ける

見頃: 5, 6, 7, 11

樹高は通常2〜7m程度

5〜7月に香りのある白っぽい花を咲かせる

科名	モクセイ科
和名	オリーブ
樹高	2〜7m
原産	西アジア（諸説あり）
分布	植栽（作物）

オリーブ

Olea europaea

他 ●花期:5〜7月 ●果期:11月

果肉から採れるオリーブ油が料理に幅広く使われている

未熟な果実。大きさは2〜3cm程度

果実は熟すと赤紫色になり、完熟すると黒くなる

かなり古くから地中海沿岸地方で広く栽培され、果肉から採れるオリーブ油は、同地域では料理に欠かせない。日本では江戸時代末期に渡来し、小豆島など瀬戸内地方で広く栽培されている。未熟な果実はピクルスに加工される。

葉のイメージが強い樹種だが、花も美しい

見頃
1
2
3
4
5
6
7
8
9
10
11
12

科 名❖モクセイ科
和 名❖ヒイラギ(柊)
樹 高❖4～8m
原 産❖在来
分 布❖本(関東以西)・四・九・沖

花は白色で花冠は4裂。晩秋に咲き、いい香りがする

ヒイラギ

(他) *Osmanthus heterophyllus*
●花期:11～12月 ●果期:6～7月

トゲトゲの葉が特徴だが
老木になると丸い葉が増える

　関東以西の山地に自生するほか、公園や庭に栽培される。雌雄異株で、どちらも白い花を多数咲かせる。雌株は翌年の6月頃に青黒い果実ができる。節分にヒイラギの枝にイワシの頭を刺して飾り、魔よけにする地域もある。

葉の縁には鋭い刺があり、触ると痛い

老木になると、丸い葉が出やすくなる

園芸種

フイリヒイラギ。ヒイラギの園芸種で、葉に斑が入る

キンモクセイの仲間

Osmanthus fragrans var. aurantiacus
●花期:9〜10月

科 名	モクセイ科
和 名	キンモクセイ（金木犀）
樹 高	1.5〜4m
原 産	中国
分 布	植栽（庭木など）

花期に漂う甘い香りは秋の風物詩となっている

　中国原産で、庭木や公園樹として広く栽培されている常緑樹。秋に甘い香りのする橙色の花をいっせいに咲かせる。どこからともなく漂ってくる花の香りで存在に気がつくほど。雌雄異株だが、日本には雄株しかないため果実を見る機会はない。

　キンモクセイの母種で白い花を咲かせるギンモクセイも稀に栽培されており、こちらは雌株も存在する。また、ギンモクセイとヒイラギの交雑種と推定されるヒイラギモクセイも公園樹としてしばしば見かける。

花のない時期はあまり存在感がない

キンモクセイの花は葉わきにかたまってつく

ヒイラギモクセイ。ギンモクセイとヒイラギの雑種と推定されている

キンモクセイ。花色は橙色で甘い香りがする

ギンモクセイ。キンモクセイの母種で、白っぽい花を咲かせる

ヒイラギモクセイの葉は幅が広く、縁はヒイラギのようにギザギザ状

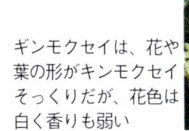

ギンモクセイは、花や葉の形がキンモクセイそっくりだが、花色は白く香りも弱い

葉が出る前に花を枝いっぱいに咲かせる

花は黄色で花冠の上部は6裂する

科 名	モクセイ科
和 名	オウバイ(黄梅)
樹 高	0.5〜1m
原 産	中国
分 布	植栽(庭木など)

オウバイ

Jasminum nudiflorum
●花期:2〜4月

早春に葉に先だって黄色い花を多数咲かせる

　観賞用に庭園などでよく栽培される。枝はゆるやかにしなだれ、地面に届くと節から根を出す。黄色い梅の花を連想させる姿なので黄梅と名がついた。原産地の中国では、早春に咲くことから迎春花と呼ばれている。

近縁種

キソケイ。ヒマラヤ原産の常緑低木で、5〜7月に黄色い花を多数咲かせる

葉の様子。花や果実がない時期の見分けは難しい

果実は夏に熟し、中から種子が1個出てくる

科名	エゴノキ科
和名	エゴノキ
樹高	7～8m
原産	在来
分布	ほぼ全国

初夏に可愛らしい白い花がいくつもぶら下がってつく

エゴノキ

Styrax japonica
●花期:5～6月 ●果期:8～9月

若い果実は、サポニンを含むため石鹸の代用となった

　雑木林の林縁など、いたるところで見られる。初夏に白い星形の花を多数ぶら下げる。若い果実をつぶした汁は石鹸の代わりになるほか、川に流して魚を捕るのにも使われた。また、種子は野鳥のヤマガラが好んで食べる。

アブラムシの一種がつくった虫こぶ。エゴノネコアシと呼ぶ

近縁種

ベニバナエゴノキ。桃色の花を咲かせる園芸種で、稀に栽培される

見頃: 1 2 3 4 5 6 **7 8** 9 10 11 12

花は星形で、やや赤みがかった白色

山野の林床に生える小さな樹木

葉は長だ円形で、光沢のある深緑色をしている

球形で光沢のある小さな赤い果実がぶら下がる

科名	ヤブコウジ科
和名	ヤブコウジ(藪柑子)
樹高	0.1〜0.2m
原産	在来
分布	北(奥尻島)・本・四・九

ヤブコウジ

Ardisia japonica

●花期:7〜8月 ●果期:10〜1月

とても小型の樹木で秋にできる赤い実がかわいい

　林床に生える常緑小低木で高さはせいぜい10〜20cm程度。秋から冬にかけて赤く丸い実をつける。古くから鉢植えとして正月飾りにも使われる。名前のコウジ(柑子)はミカンのことで、小さな果実をミカンに見立てている。

果実は赤く球形。翌年の3月頃まで残ることも

科 名	ヤブコウジ科
和 名	マンリョウ(万両)
樹 高	0.3～1m
原 産	在来
分 布	本(関東以西)・四・九・沖

1本立ちし、上部に葉や果実をつける

マンリョウ

Ardisia crenata
●花期:7～8月 ●果期:11～3月

縁起がよい名前なので正月飾りとしてよく使われる

　山野に自生するほか、観賞用に広く栽培される常緑低木。赤い実を野鳥が食べ、糞とともに種子を落としていくため、思わぬところから芽を出すことがある。センリョウやカラタチバナ、ヤブコウジとともに正月飾りに使われる。

葉の縁に特徴的な波状の鋸歯がある

近縁種

シロミノマンリョウ。果実が白色の品種で、紅白あわせて正月飾りに使われる

見頃
1
2
3
4
5
6
7
8
9
10
11
12

夏、枝先に白い花を穂状に咲かせる

花の拡大。花冠は白色で5つに開く

科 名	リョウブ科
和 名	リョウブ（令法）
樹 高	8〜10m
原 産	在来
分 布	北（南部）・本・四・九

果実はさく果で中に小さな種子が多数入っている

樹皮はまだら模様になってかなり特徴的

冬芽は芽鱗に覆われているが外れやすい

リョウブ

Clethra barbinervis

●花期:6〜8月　●紅葉:10〜11月

リョウブ科で日本に自生するのは本種のみ

　山地に自生し、まだら模様の樹皮が目をひく。夏に白い花を穂状に咲かせ、秋になると鮮やかに紅葉する。新芽は、山菜として食用になるほか、材木は建材などにも利用される。また、公園や庭木としても植えられる。

オオムラサキ。ヒラドツツジの代表的な園芸種

見頃
1
2
3
4
5
6
7
8
9
10
11
12

- 科名❖ツツジ科
- 和名❖ヒラドツツジ(平戸躑躅)
- 樹高❖1〜3m
- 原産❖園芸種
- 分布❖植栽(公園など)

※代表種:ヒラドツツジ

飛鳥川。オオヤマツツジの園芸種

ツツジの仲間①

Rhododendron spp.
●花期:4〜5月

街中で遭遇頻度が高いのがヒラドツツジの仲間

　ヒラドツツジは、長崎県平戸地方を中心に栽培されていた大輪品種群。モチツツジ、キシツツジなどの交配によってつくられた。市街地の植え込みや都市公園の植栽樹として人気で、もっともよく見る園芸種はオオムラサキ。

雲の上。クルメツツジの園芸種

難波潟。クルメツツジの園芸種

ツツジの仲間②

Rhododendron spp.
●花期:3〜5月

科名	ツツジ科
和名	ヤマツツジ(山躑躅)
樹高	1〜3m
原産	在来
分布	北(南部)・本・四・九

※代表種:ヤマツツジ

種類が多いツツジの仲間 サツキもそのうちのひとつ

　ツツジというと園芸花木のイメージが強いが、実は日本の山野にも約50種が自生している。代表的なのがヤマツツジで晩春から初夏にかけて花を咲かせ、山地を朱色に彩る。サツキは盆栽のイメージが強いが、本州や九州の渓流で岩壁に自生する野生種を品種改良したもの。

トウゴクミツバツツジ。東北南部から近畿の太平洋側に自生。葉が枝先に3枚ずつ輪生する

ゲンカイツツジ。西日本に自生し3〜4月頃開花する。葉に先だって花が咲く

サツキ。盆栽や生垣に広く栽培される。他のツツジよりも花期が遅く、5月〜7月に開花する

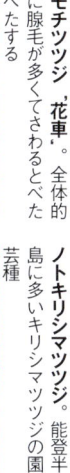

モチツツジ '花車'。全体的に腺毛が多くてさわるとべたべたする

クロフネツツジ。中国〜朝鮮半島原産で淡いピンクの花が咲く

ノトキリシマツツジ。能登半島に多いキリシマツツジの園芸種

ヤマツツジ。ほぼ全国に分布する日本の野生ツツジの代表種。朱色の花をつける

レンゲツツジ。山地に自生するツツジで、橙色の大きな花をつける。有毒植物

フジマンヨウ。シロリュウキュウの園芸種。淡い紫色で八重咲きの花を咲かせる

見頃: 2, 3, 4, 5, 9, 10

春、円すい形の花序を出し、多数の白い花をつける

果実は熟すと裂け、中から小さな種子を多数こぼす

花は壺のような形で下向きにつく

科名	ツツジ科
和名	アセビ（馬酔木）
樹高	1〜8m
原産	在来
分布	本（南東北以南）・四・九

アセビ

Pieris japonica

● 花期:2〜5月　● 果期:9〜10月

強い毒を持っていて野生動物も口にしない樹木

葉は倒披針形で枝先に集まってつく傾向がある

近縁種

アケボノアセビ。 赤紫がかった花を咲かせる園芸種で、しばしば栽培される

　山地に自生するほか、庭園などで広く栽培される。ただ、強い毒をもっているのでうっかり口にしないよう注意が必要。漢字表記の「馬酔木」は、馬が食べると中毒を起こして酔っぱらったようにふらふらすることに由来する。

花は白い壺形で下向きにつく

科名	ツツジ科
和名	ドウダンツツジ（満天星・灯台躑躅）
樹高	1〜2m
原産	在来
分布	本・四・九

刈り込みに強いため、さまざまな樹形が造られている

ドウダンツツジ

Enkianthus perulatus
●花期:4〜5月　●紅葉:10〜12月

庭木や生垣としておなじみの樹種だが、自生は少ない

　刈り込みに強く自在に樹形を整えられるため、生垣や植え込みなどに広く利用されている。初夏に白い壺のような花を多数ぶら下げ、秋には真っ赤に紅葉する。山地に自生していることもあるが、分布はかなり限定される。

秋になると鮮やかに紅葉する

果実は細長い形で、花とは逆に上向きにつく

見頃: 4, 5, 6

花は洋傘を開いたような形をしている

ピンクの花を咲かせるカルミアの園芸種

科名	ツツジ科
和名	アメリカシャクナゲ（アメリカ石楠花）
樹高	1.5〜3m
原産	北アメリカなど
分布	植栽（庭木など）

カルミア

Kalmia latifolia
●花期:4〜6月

洋傘を開いたようなかわいらしい花を咲かせる

　カルミアは*Kalmia*属の総称で、園芸用にいくつかの種類が栽培されている。もっともポピュラーなのが、北アメリカ原産のアメリカシャクナゲ（*Kalmia latifolia*）とその園芸改良種。園芸種によって花色の濃淡もさまざま。

葉は濃い緑色で厚みがある

果実は丸いさく果で、あまり目立たない

花冠は5裂し、内側に斑紋が入るものも多い

科 名❖ツツジ科
和 名❖セイヨウシャクナゲ
　　　（西洋石楠花）
樹 高❖1〜5m
原 産❖園芸種
分 布❖植栽（庭木など）

花は上部にかたまってつく

セイヨウシャクナゲ

Rhododendron × hybridum
●花期:4〜6月

園芸用に品種改良されたもので、花色が豊富で大輪

　シャクナゲの仲間は、日本の深山に数種が自生しているが、普通観賞用に栽培されるものはそれとは別に海外で品種改良されたもの。野生種と異なり花が大きいうえ、白・赤紫色・ピンク・赤色・黄色など花色も多い。

葉は長だ円形で分厚い。枝先に集まってつく傾向がある

果実は細長く、熟すと5裂して種子をこぼす

87

樹木なるほどコラム❷

よく聞く有名な木（海外編）

マロニエ、プラタナスなど、通りや建物の名前にも使われる
海外の樹木について解説します。

ポプラ

●花期:3月　●果期:5月

縦に細長い樹形が特徴

ヤマナラシ（*Poplus*）属の総称で、セイヨウハコヤナギが最もポピュラー。白いふわふわの種子ができ風に乗って雪のように舞う。

- 科名／ヤナギ科
- 和名／セイヨウハコヤナギ
- 樹高／約20m
- 原産／ヨーロッパ
- 分布／園芸・植栽

上に向かって高くそびえたつ樹形は圧巻

マロニエ

●花期:5～6月　●果期:9～10月

ヨーロッパ原産のトチノキ

日本の山野に自生するトチノキの仲間で、ヨーロッパやアメリカでは街路樹としておなじみ。果実にはトゲがある。

- 科名／トチノキ科　和名／セイヨウトチノキ
- 樹高／5～10m　原産／ヨーロッパ南部
- 分布／園芸・植栽

葉は掌状複葉（しょうじょうふくよう）

花は白色で雰囲気がトチノキに似ている

プラタナス

●花期:4～5月 ●果期:10～3月

街路樹としておなじみ

スズカケノキとアメリカスズカケノキの交雑種。スズカケノキの仲間で最もよく見かける。

生長が早くて都市環境にも強い

❖科名／スズカケノキ科 ❖和名／モミジバスズカケノキ ❖樹高／約30m ❖原産／園芸交雑種 ❖分布／園芸·植栽

まだら模様の樹皮が特徴的

小さな果実が集まり、丸い実のように見える

ユーカリ

ユーカリの一種。樹皮が白くはがれるタイプ

●花期:2～5月

オーストラリアを代表する樹種

この仲間は700種以上ありオーストラリアに多い。うち10種程度の葉がコアラの食糧になる。

つぼみはキャップ状の花弁に覆われる

❖科名／フトモモ科 ❖和名／ユーカリノキ ❖樹高／約50m ❖原産／オーストラリア ❖分布／園芸·植栽

ミモザ

●花期:2～4月

黄色い花をぎっしりつける

オーストラリア原産のアカシア属の総称。日本でもギンヨウアカシアなど数種が栽培される。

❖科名／マメ科 ❖和名／アカシア属の総称 ❖樹高／5～10m ❖原産／オーストラリア ❖分布／園芸·植栽

ギンヨウアカシアの葉

ギンヨウアカシアの花

見頃
1 / 2 / 3 / 4 / 5 / 6 / **7** / **8** / 9 / 10 / **11** / **12**

大きいものは樹高20m以上に達する

春先の新芽。タラの芽によく似ている

科 名	ウコギ科
和 名	ハリギリ（針桐）
樹 高	約20m
原 産	在来
分 布	北・本・四・九

ハリギリ

Kalopanax septemlobus

●花期:7〜8月　●果期:11〜12月　●黄葉:11〜12月

名前の通り枝には鋭い刺が多く、うっかり触れると痛い

葉はカエデを大きくしたような形で、秋に黄葉する

直径5mm程度の小さな黒い果実がギッシリとつく

　山野に多く見られるが、かなりの高木になるため存在に気がつきにくい。また、とても高いところに花や果実がつくため観察しづらい。枝には太く鋭い刺が多く、山歩きの際、うかつにつかむと痛い思いをする。

暖地では雑木林にも自生している

果実は翌年の春に黒く熟す

初冬に白い花を球形につける。花弁は5つ

科名	ウコギ科
和名	ヤツデ(八手)
樹高	1～3m
原産	在来
分布	本(関東以西)・四・九・沖

ヤツデ

Fatsia japonica
●花期：11～12月　●果期：4～5月

手のひら状に裂けた大きな葉が特徴の樹木

　葉の形が天狗の持つうちわを連想させることから、テングノハウチワの別名がある。ヤツデの名前は、数多く手のように切れ込むという意味で、必ずしも8つとは限らない。花は初冬に咲き、果実は越冬したのち翌春に黒く熟す。

葉は大きく、手のひら状に7～9つに裂ける

園芸種

フイリヤツデ。ヤツデの葉に斑が入る園芸種で、稀に栽培される

見頃
1 / 2 / 3 / 4 / 5 / 6 / 7 / 8 / 9 / 10 / 11 / 12

見頃
1 / 2 / 3 / 4 / 5 / 6 / 7 / 8 / 9 / 10 / 11 / 12

晩秋に黄緑色の5弁花を咲かせる

科 名	ウコギ科
和 名	キヅタ（木蔦）
樹 高	つる性
原 産	在来
分 布	本・四・九

大きな木の幹に絡みつくように自生している

枝から多数の気根を出して、大きな幹をよじ登っていく

キヅタ

Hedera rhombea
●花期：10～12月　●果期：5～6月

真冬でも青々と葉を茂らせるためフユヅタともいう

　つる性の常緑樹で、気根を出しながら太い幹や岩の上を這いあがっていく。キヅタはウコギ科だが、本家のツタはブドウ科の植物。ヘデラの名前で観葉植物やグランドカバーとして栽培されるものは、キヅタの仲間の外来種。

果実は翌年5月頃に黒っぽく熟す

夏の終わり、幹の先端に白い花をたくさん咲かせる

黒色の小さな果実が球になってつく

科 名	ウコギ科
和 名	タラノキ(楤の木)
樹 高	2〜6m
原 産	在来
分 布	北・本・四・九

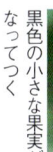

タラノキ

Aralia elata

●花期:8〜9月　●果期:11〜12月

春の新芽は「タラの芽」と呼ばれ、山菜として人気

伐採跡地など、山林が開かれて明るくなった場所でいち早く芽吹き、生長するパイオニア植物としての性質を持っている。新芽は「タラの芽」と呼ばれる山菜だが、すべて摘まず、芽を残しておかないとその木は枯れてしまう。

幹の先につくタラの芽。開いてきたものは食用になる

近縁種

メダラ。タラノキのうち、枝などにほとんど刺がない品種

春に枝いっぱいに花を咲かせる

花弁のように見える部分は総苞片で、本当の花は中心にかたまってつく

科 名	ミズキ科
和 名	ハナミズキ（花水木）
樹 高	約5m
原 産	北アメリカ
分 布	植栽（街路など）

秋には赤い果実が数個かたまってつく

近縁種

ヤマボウシ。山地に広く自生する。ハナミズキに似るが総苞片の先はとがっている

ハナミズキ

Cornus florida

●花期:4〜5月　●果期:9〜10月

日米親善の木として知られ街路樹の代表的な樹種

　かつての東京市長（1912年当時）が米国ワシントンへ桜の木を贈ったところ、そのお礼として日本に贈られたのがハナミズキ。現在では街路樹や公園樹として、全国的にポピュラーな樹種。日本の山野には同属のヤマボウシが自生する。

初夏に散房花序を出し、多数の白い花を咲かせる

科名	ミズキ科
和名	ミズキ(水木)
樹高	10～20m
原産	在来
分布	北・本・四・九

花は白色。花弁は4枚で雄しべ4本、雌しべ1本

ミズキ

Cornus controversa
●花期:5～6月　●果期:6～10月

若い枝と冬芽は光沢のある赤色で冬でもわかりやすい

　山野でよく見かける落葉高木で、初夏に咲く白い花は遠目からもよく目立つ。ミズキは水木の意味で、樹液が多く、春に枝先を切ると水がしたたることに由来する。同属の近縁種にクマノミズキがあり同様に山野で見られる。

葉は広だ円形～広卵形。葉脈がはっきりしていて、よく目立つ雰囲気が独特

果実はほぼ球形で熟すと黒っぽい紫色になる

冬芽と若い枝は赤っぽく光沢がある

早春、葉をつける前に黄色い花を一勢に咲かせる

花弁は4枚で後ろに大きく反り返る

科 名	ミズキ科
和 名	サンシュユ（山茱萸）
樹 高	3～5m
原 産	中国、朝鮮半島
分 布	植栽（公園など）

サンシュユ

Cornus officinalis
●花期:3～4月　●果期:9～11月

早春の黄色い花だけではなく秋の果実にも注目したい

葉はありふれた形なので、花や果実がないとわかりにくい

秋になると赤い果実が多数つく

樹皮は不規則に裂けてはがれる

　江戸時代に薬用植物として渡来したが、現在は庭木や公園樹として観賞用に広く栽培されている。早春に黄色い花を多数咲かせることからハルコガネバナ、秋に赤い果実がつくことからアキサンゴの別名がある。

常緑樹で、1年中青々としている

見頃
1
2
3
4
5
6
7
8
9
10
11
12

- 科名❖ミズキ科
- 和名❖アオキ(青木)
- 樹高❖2〜3m
- 原産❖在来
- 分布❖北(南部)・本・四・九・沖

雄花。花の中心には4本の雄しべがある

雌花。花の中心には1本の雌しべがある

アオキ

Aucuba japonica var. japonica
●花期:3〜5月 ●果期:12〜5月

1年中青々としていて枝も緑色なので青木と呼ばれる

　山林の林床のうす暗いところに、下草のように群生する常緑低木。古くから栽培されていて、フイリアオキなどの園芸種も多い。また、日本海側には雪の重みに耐えられるよう、這うように伸びる変種のヒメアオキが自生する。

果実はややいびつな長だ円形で、翌年5月頃まで残る

近縁種

アオバナアオキ。緑色の花を咲かせるアオキの近縁種

見頃: 6, 8, 9, 10

樹高は5〜6mに達する

花は朱色で花弁は6枚

科 名	ザクロ科
和 名	ザクロ(石榴)
樹 高	5〜6m
原 産	西南アジア
分 布	植栽(庭木など)

ザクロ

Punica granatum

●花期:6月 ●果期:8〜10月

果実を食用にするものと花を楽しむ観賞用がある

西南アジア原産で、日本ではかなり古くから庭園に栽培されている。果実は熟すと割れ、中から甘酸っぱい赤い種子が顔を出す。この種子を食用にする。一方、八重咲きで花は美しいが果実ができない観賞用の種類もある。

果実は5cmほどの球形で、熟すと裂けて赤い種子がこぼれる

近縁種

ハナザクロ。ザクロの八重咲き種で果実はできない。花を観賞するために栽培される

花色が紅紫色で長期間咲き続けるので、漢字で「百日紅」と書く

科名	ミソハギ科
和名	サルスベリ（百日紅）
樹高	5〜10m
原産	中国
分布	植栽（公園など）

幹はつるつるで葉のない時期もわかりやすい

サルスベリ

Lagerstroemia indica
●花期:7〜10月

幹がつるつるになるため猿でも滑り落ちると考えられた

江戸時代に渡来し、観賞用に広く栽培される落葉小高木。樹皮が薄くはがれやすく、幹がつるつるになるのが特徴。花は紅紫色だが、稀に白色もある。近年は品種改良が進み、花色が豊富になってきている。

葉は倒卵状だ円形。つき方はまちまちで対生や互生が混じる

果実は熟すと6つに裂け、中から薄い種子が多数こぼれる

見頃: 3, 4, 10

早春、葉よりも先に花穂をぶら下げる

花弁は6枚でわずかしか開かない

科名	キブシ科
和名	キブシ（木五倍子）
樹高	2〜4m
原産	在来
分布	北（西南部）・本・四・九

中には赤紫色っぽい花を咲かせるものもある

キブシ

Stachyurus praecox
他
●花期：3〜4月 ●果期：7〜10月

ブドウのように黄色い花穂を多数ぶら下げる

　キブシのブシは五倍子(ごばいし)のことで、これはヌルデ（P.129掲載）につく虫こぶの一種。これにはタンニンが含まれ、黒色の染料になる。キブシの果実にも同様にタンニンが含まれ、五倍子の代用としてお歯黒に利用されていた。

近縁種

ハチジョウキブシ。八丈島など伊豆七島に多いキブシの変種で、花穂がとても長い

花は春に咲くが黄緑色であまり目立たない

見頃
| 1 |
| 2 |
| 3 |
| 4 |
| 5 |
| 6 |
| 7 |
| 8 |
| 9 |
| 10 |
| 11 |
| 12 |

- 科名❖イイギリ科
- 和名❖イイギリ（飯桐）
- 樹高❖10～15m
- 原産❖在来
- 分布❖本・四・九

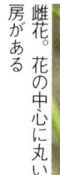

雌花。花の中心に丸い子房がある

イイギリ

Idesia polycarpa
- 花期：4～5月　● 果期：10～1月

秋にできる果実がナンテンに似るため、別名ナンテンギリ

　各地の山野に自生するほか、公園にも稀に植栽されている。雌雄異株で、雌株は秋になると赤い果実を房状に実らせる。シロミノイイギリといって、白い実をつけるものもある。昔、葉でご飯を包んだことから漢字では飯桐と書く。

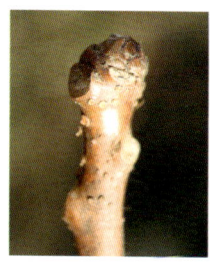

冬芽はべたべたした樹脂に包まれている

秋にできる果実はブドウの房のように垂れ下がる

見頃
1
2
3
4
5
6
7
8
9
10
11
12

葉の質感はジンチョウゲに似る

3つに分かれた枝先に、花が30個程度集まり丸い花序をつける

科 名	ジンチョウゲ科
和 名	ミツマタ(三又・三椏)
樹 高	1.5～3m
原 産	中国～ヒマラヤ
分 布	植栽(公園など)

花弁はない。黄色い花弁のようなものはがく

園芸種

アカバナミツマタ。赤色の花を咲かせる園芸種

ミツマタ

Edgeworthia chrysantha
●花期:3～4月

ミツマタの名の通り
枝は必ず3つに分かれる

　中国からヒマラヤにかけての原産で日本には室町時代に渡来した。樹皮の繊維は製紙用の材料として使われる。また、観賞用花木としても栽培される。花は早春に葉に先立って咲く。花に花弁はなく、筒状になったがくが目立つ。

花が咲くとあたりは甘い香りに包まれる

見頃
1
2
3
4
5
6
7
8
9
10
11
12

シロバナジンチョウゲ。白い花を咲かせるもの

- 科 名❖ジンチョウゲ科
- 和 名❖ジンチョウゲ(沈丁花)
- 樹 高❖約1m
- 原 産❖中国
- 分 布❖植栽(庭木など)

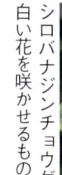

ジンチョウゲ

Daphne odora
●花期:2〜4月

花の甘い香りは春の風物詩として有名

　室町時代に渡来した常緑低木で、花木として庭園や公園に広く植栽される。花弁はなく、がくが花のように見える。典型的なものは、がくの外側が赤紫色で内側は白色だが、内外とも白いシロバナジンチョウゲも時々に栽培されている。

1月中にはつぼみの姿が見えることが多い

葉は長だ円形で、ジンチョウゲ特有のツヤツヤした質感がある

103

見頃
1 2 3 4 **5 6** 7 8 9 10 11 12

花に花弁はなく、5枚のがく片が花弁のように見える

初夏に大きな円すい花序をつける

科名	アオギリ科
和名	アオギリ（青桐）
樹高	約15m
原産	在来
分布	沖（※他の地域でも野生化）

果実は若いうちに裂けて種子がむき出しになる

樹皮は灰色がかった緑色をしている

アオギリ

Firmiana simplex

●花期：5～6月　●果期：8～11月

幹が緑色で葉が桐の葉に似ていることから青桐となった

　もともとは沖縄県や中国などに分布する落葉高木で、公園や庭に植栽される。果実は熟す前から裂け、果皮に小さな丸い種子が数個くっついているのが見える。この種子は非常に軽く水に浮くため、海流によって遠くまで運ばれる。

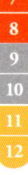

葉は倒披針形で革のような質感がある

見頃
1
2
3
4
5
6
7
8
9
10
11
12

- 科名❖ホルトノキ科
- 和名❖ホルトノキ(ホルトの木)
- 樹高❖10〜15m
- 原産❖在来
- 分布❖本(千葉県以西)・四・九・沖

花弁は5枚だが、先が細く裂けるため独特の姿をしている

ホルトノキ

Elaeocarpus zollingeri
- ●花期:7〜8月 ●果期:11〜2月

聞き慣れない名前だが、暖地では街路樹としてよく使われる

　房総半島以西の暖地の海の近くに生える。常緑樹だが、1年中紅葉した葉がちらほらと混じるのが特徴。果実がオリーブの実に似ていることから、オリーブと間違えてポルトガルノキと呼ばれたのが名前の由来となっている。

つぼみの様子

果実は冬に青黒色に熟す

105

夏の厳しい暑さの中、元気に花をつける

典型的な花を咲かせている個体

科 名	アオイ科
和 名	ムクゲ（木槿）
樹 高	2〜4m
原 産	中国〜インド
分 布	植栽（公園など）

果実の中に毛だらけの種子が多数入っている

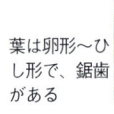

葉は卵形〜ひし形で、鋸歯がある

八重咲きの園芸種

ムクゲ

Hibiscus syriacus
●花期:8〜9月

夏の花木としておなじみ 韓国では国花になっている

　観賞用に古くから栽培されている。花色は、淡紅紫色で中心が濃い紅色となっているものが典型。数多くの園芸種がつくりだされていて、白やピンクなどの花色もある。花弁は通常5枚だが、八重咲きのもある。

真夏の花壇を彩るハイビスカス

見頃
1
2
3
4
5
6
7
8
9
10
11
12

科 名	アオイ科
和 名	ハイビスカス
樹 高	1～2m
原 産	熱帯～亜熱帯
分 布	植栽（温室など）

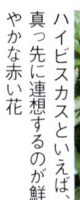

ハイビスカスといえば、真っ先に連想するのが鮮やかな赤い花

ハイビスカス

Hibiscus spp.
●花期:7～9月

熱帯地域の代表花木でさまざまな園芸種群の総称

　熱帯の花といって、まず連想されるもののひとつがこの花。ハワイの州花、マレーシアの国花である。日本でも夏の花壇や温室で、鮮やかな花を咲かせている。園芸種が豊富で、3000種以上もあるといわれている。

橙色の重弁花が垂れ下がるように咲く園芸種

サーモンピンクの花を咲かせる園芸種

見頃: 6・7・8・10・11

名前は新芽の色合いをエビに見立ててつけられた

夏に緑色の花を咲かせるが、花弁はすぐに取れてしまう

花弁

科名	フドウ科
和名	エビヅル（蝦蔓）
樹高	つる性
原産	在来
分布	本・四・九・沖

葉は3〜5裂するが、形には変化が多い

エビヅル

Vitis ficifolia

●花期:6〜8月　●果期:10〜11月

秋になるとブドウに似た甘酸っぱい果実ができる

　山野に自生するつる性の木で、林縁などにからみつきながら生育している。夏に花を咲かせるが、花弁はすぐにぽろっと取れてしまう。秋の果実をつぶすと紫色の色水が出るが、この色のことを「えび色」という。

ブドウのような果実がなり、おいしく食べられる

花は淡黄緑色。花弁は5枚あるがすぐに取れてしまう

科 名	ブドウ科
和 名	ノブドウ（野葡萄）
樹 高	つる性
原 産	在来
分 布	ほぼ全国

道ばたなどでも、つるが垂れ下がっている姿をよく見る

ノブドウ

Ampelopsis brevipedunculata
●花期:7〜8月 ●果期:9〜11月

カラフルな丸い実がたくさん実るが食べられない

　いたるところで見られる落葉性のつる植物。果実にはブドウタマバエやブドウトガリバチの幼虫が寄生して、虫こぶをつくることが多い。葉の切れ込み方には個体差があり、特に深く切れ込むものはキレハノブドウと呼ぶ。

果実はさまざまな色が混じりカラフルだが食べられない

近縁種

ニシキノブドウ。ノブドウの斑入り種で、観賞用に栽培される

見頃: 6, 7

壁面を覆い尽くしたツタ

葉の形は変化が大きいが3裂するものが多い

科 名	ブドウ科
和 名	ツタ(蔦)
樹 高	つる性
原 産	在来
分 布	北・本・四・九

秋になると葉は真っ赤に色づく

巻きひげの先にある吸盤で、壁などにがっしりとくっつく

ツタ

Parthenocissus tricuspidata
●花期:6〜7月 ●紅葉:10〜12月

吸盤でがっしりと岩壁を
とらえながらつるを伸ばしていく

　各地の山野に自生するつる植物。ウコギ科のキヅタに似るが、こちらは落葉樹で冬は落葉してしまうため、ナツヅタともいう。平安時代に、幹から汁を採り、煮詰めて甘味料として使ったといわれる。現在は壁面緑化にも使われる。

葉は光沢があり、3本の葉脈が目立つ

科 名	クロウメモドキ科
和 名	ナツメ(棗)
樹 高	約10m
原 産	ヨーロッパ
分 布	植栽(庭木など)

花は黄緑色で花弁は5枚。葉わきに数個ずつつける

ナツメ

Ziziphus jujuba
●花期:6〜7月 ●果期:11〜12月

熟した果実は甘く
ドライフルーツなどで人気

　ヨーロッパ原産で、中国では重要な果樹のひとつとして広く栽培される。日本でも庭木として栽培されるが見かける頻度は少ない。赤茶色に熟した果実は生食できるほか、ドライフルーツや砂糖漬けなどに加工される。

樹皮は縦に浅く裂ける

果実は熟すと赤茶色になる

林縁に生え、果実期はひとときわ目立つ

花は黄緑色。花弁・がく片とも5枚で完全には開かない

科 名	ミツバウツギ科
和 名	ゴンズイ（権萃）
樹 高	3～5m
原 産	在来
分 布	本(関東以西)・四・九

通常、冬芽は枝先に2個ずつつく

葉は晩秋に赤く色づく

ゴンズイ

Euscaphis japonica

●花期:5～6月 ●果期:9～11月 ●紅葉:10～12月

赤い果皮と黒い種子が秋の野山でとても目立つ

　雑木林のふちなど日当たりのよい場所に自生する落葉小高木。葉は光沢のある深緑色で、奇数羽状複葉。初夏に咲く黄緑色の花はあまり目立たないが、秋にできる果実は果皮が真っ赤になり、黒い種子とともによく目立つ。

果実は熟すと裂開し、中から光沢のある黒い種子が顔を出す

刈り込まれたものはイヌツゲと雰囲気が似る

見頃
1
2
3
4
5
6
7
8
9
10
11
12

- 科 名❖ツゲ科
- 和 名❖セイヨウツゲ（西洋黄楊）
- 樹 高❖0.5〜1m
- 原 産❖ヨーロッパなど
- 分 布❖植栽（庭木など）

雌雄同株だが、花には雄花と雌花があり、葉わきに数個ずつかたまってつく

ボックスウッド

Buxus sempervirens
●花期:3〜4月

本家のツゲで、いくつかの種類が生垣用に利用される

　ツゲの名で植えられるのはモチノキ科のイヌツゲ（P.114掲載）が多い。しかし、本当のツゲはツゲ科のツゲ（*B.microphylla var.japonica*）。海外から導入されたセイヨウツゲなど数種がボックスウッドの名で栽培されるが、数は少ない。

葉は対生してつく

果実は丸いさく果で、先端に花柱が残る

刈り込みによって樹形が整えられた公園のイヌツゲ

花は淡黄白色で花弁は4枚。小さな花だが可愛い形をしている

科 名	モチノキ科
和 名	イヌツゲ(犬黄楊)
樹 高	2〜6m
原 産	在来
分 布	本・四・九

果実は直径5〜6mm程度で黒く熟す

園芸種

キンメツゲ。新芽が鮮やかな黄緑色になる園芸種

イヌツゲ

Ilex crenata

●花期:6〜7月 ●果期:10〜11月

ツゲよりも圧倒的に多く栽培され、遭遇頻度も高い樹種

　山野に自生するほか、庭木や生垣、盆栽としてきわめて多く目にする。刈り込みにきわめて強く、樹形を自在に整えることができる。イヌツゲの一型で、葉がぷっくりと膨らんだような形状になるマメツゲも同様によく栽培される。

花は淡い桃色で花弁は4～6枚

科名	モチノキ科
和名	クロガネモチ（黒鉄黐）
樹高	10～20m
原産	在来
分布	本(関東以西)・四・九・沖

常緑高木で10mを超えることが多い

クロガネモチ

Ilex rotunda
●花期:5～6月　●果期:11～12月

都市部の公園によく植えられ、小さな赤い実がぎっしりつく

　暖地の山野に自生するほか、都市部の公園にも広く植栽されている。雌雄異株だが、植栽されるものは雌株が多い。樹皮は比較的白っぽいが、葉柄や枝先が黒みがかった色をしているためクロガネ（黒鉄）という名がついた。

樹皮は模様があり、比較的なめらか

葉わきに小さな赤い果実がぎっしりつく

見頃
1
2
3
4
5
6
7
8
9
10
11
12

見頃: 1 2 3 4 5 6 7 8 9 10 11 12

常緑高木で見上げるような高さになることも多い

雄株。葉わきに淡緑色の花を多数つける

科 名	モチノキ科
和 名	モチノキ(黐の木)
樹 高	6〜10m
原 産	在来
分 布	本(南東北以南)・四・九・沖

果実は直径1cm程度で比較的大きい

近縁種

ヒイラギモチ。ヒイラギのような葉で赤い果実ができるためクリスマス飾りに使われる

モチノキ

Ilex integra
●花期:4月 ●果期:11〜12月

名前の由来は、樹皮がトリモチの原料になることから

海岸近くの山林に自生する常緑樹で、しばしば栽培される。雌雄異株でいずれも春に淡緑色の花を咲かせる。葉は硬く、濃緑色で光沢がある。雌株は秋になると赤い実をつける。かつてトリモチづくりに、樹皮が利用された。

秋、葉わきに小さな赤い果実が多数つく

見頃
1
2
3
4
5
6
7
8
9
10
11
12

科 名✤モチノキ科
和 名✤タラヨウ(多羅葉)
樹 高✤10〜20m
原 産✤在来
分 布✤本(静岡県以西)・四・九

花は黄緑色で葉わきにかたまってつく

タラヨウ

(他) *Ilex latifolia*
●花期:5〜6月 ●果期:11月

葉裏はひっかいたところが黒くなるので文字が書ける

　暖地の山野に自生するほか、庭園などに栽培される雌雄異株の常緑高木。葉はだ円形で分厚く、表面は光沢が強い。葉裏に傷をつけると黒く変色し、字を書いて遊ぶことができる。そのため、郵便を象徴する木といわれる。

樹皮は灰色でなめらかな肌ざわり

葉裏に小枝で字を書いた様子。「はがきの木」の別名もある

見頃: 5, 6, 10, 11, 12

冬は翼のある枝がかなり目立つ

翼

花は黄緑色で花弁は4枚

科名	ニシキギ科
和名	ニシキギ（錦木）
樹高	1～3m
原産	在来
分布	北・本・四・九

ニシキギ

Euonymus alatus

●花期:5～6月　●果期:10～11月　●紅葉:10～12月

枝には目立つ翼があり秋の紅葉はかなり鮮烈な色合い

秋に葉が鮮烈な紅色に色づくのが特徴で、まるで錦のように美しいことから錦木という名がついた。枝にうすい板のような翼がつき、葉の落ちる冬季はかなり目立つ。枝に翼がない品種もあり、それをコマユミと呼ぶ。

秋の紅葉は目がチカチカするほど鮮烈な色

果実が裂けて開き、赤い仮種皮に包まれた種子が出る

冬芽は6～10個の芽鱗に覆われる

葉は長だ円形で対生する

科 名❖ニシキギ科
和 名❖マユミ(真弓)
樹 高❖3～5m
原 産❖在来
分 布❖北・本・四・九

花弁は4枚。拡大すると白い花弁が目立つ

マユミ

Euonymus sieboldianus
●花期:5～6月 ●果期:10～12月

山野によく見られ、晩秋には裂開した果実と紅葉が楽しめる

　山野に自生する落葉小高木。枝のしなりがよく、弓をつくるのに使われため真弓の名がある。初夏に白緑色の花を咲かせた後、秋に桃色の果実ができる。果実は熟すと4つに裂け、中から真っ赤な仮種皮に覆われた種子が顔を出す。

早春、新芽が開く様子

晩秋には紅葉と果実が楽しめる

山地に多く、秋は果実と紅葉が楽しめる

花は淡黄緑色で5弁花。枝からぶら下がるようにつく

科 名	ニシキギ科
和 名	ツリバナ(吊花)
樹 高	1～4m
原 産	在来
分 布	北・本・四・九

ツリバナ

Euonymus oxyphyllus

●花期:5～6月　●果期:9～10月　●紅葉:10～11月

マユミは花弁4枚・果実4裂
ツリバナは花弁5枚・果実5裂

葉は長だ円形で対生する

果実は熟すと5つに裂け、種子は落ちずに果皮の先に残る

　山地の林内でよく見られる落葉低木。花や果実を吊り下げたような姿から吊花の名前がつけられた。花弁は5枚で、熟した果実も5裂する。オオツリバナ、ヒロハツリバナなどの近縁種も自生しており、いずれもよく似ている。

秋は橙色に熟した果実が多数できる

科名	ニシキギ科
和名	マサキ（柾・正木）
樹高	2〜6m
原産	在来
分布	北（南部）・本・四・九・沖

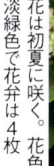

花は初夏に咲く。花色は淡緑色で花弁は4枚

マサキ

Euonymus japonicus

●花期：6〜7月　●果期：11〜1月

生垣用の樹種として広く利用され、斑入りなど園芸種が多い

　暖地の海岸近くの山林に自生する常緑樹で、葉は分厚く強い光沢がある。また、斑入り種などの園芸種も多く、生垣として広く利用される。果実は熟すと橙色になり4つに裂け中から朱色の仮種皮に包まれた種子が顔を出す。

冬芽は先がとがった長い卵形で、芽鱗に覆われる

園芸種

オウゴンマサキ。鮮やかな黄色い葉をつける園芸種

山野の林縁でつるを絡ませながら伸びていく

花は緑色で花弁は5枚

科 名	ニシキギ科
和 名	ツルウメモドキ(蔓梅擬)
樹 高	つる性
原 産	在来
分 布	ほぼ全国

ツルウメモドキ

Celastrus orbiculatus var. orbiculatus

●花期:5〜6月 ●果期:10〜12月

果実のついたつるはリース飾りの素材としても使われる

開く前の果実。果実は球形で直径7mm程度

熟した果実は、黄色い果皮と赤い種子の色彩が美しい

　山野の林縁によく見られる落葉性のつる植物。雌雄異株で、雌株は秋に黄色っぽい果実を多数つける。熟すと果皮が3つに割れ、赤色の仮種皮に包まれた種子がひとつ顔を出し、木々が落葉したあとの初冬の山野で目立つ。

見頃: 5, 6, 9

円すい花序を上向きに直立させ、白い花を多数つける

科名	トチノキ科
和名	トチノキ（栃の木、橡の木）
樹高	20〜30m
原産	在来
分布	北・本・四・九

公園樹や街路樹としても植栽される

トチノキ

Aesculus turbinata

●花期:5〜6月　●果期:9月

でんぷんを豊富に含む種子を栃餅として食用にする

　山地の沢沿いに自生する日本固有の大型の落葉樹。初夏に咲く白い花は重要な蜜源となっている。また、9月頃、堅く丸い栗のような種子ができ、栃餅（とちもち）などに加工して食用にする。マロニエは、同属のセイヨウトチノキのこと。

葉は晩秋に黄色や茶褐色に色づく

果皮をむくと中から栗のような堅い種子が出てくる

近縁種

ベニバナトチノキ。アカバナトチノキとセイヨウトチノキの雑種で、街路樹に使われる

123

カエデの仲間①

Acer spp.
●花期:4〜5月 ●果期:7〜9月 ●紅葉:10〜12月

科 名	カエデ科
和 名	イロハモミジ
樹 高	約15m
原 産	在来
分 布	本(福島県以南)・四・九

※代表種:イロハモミジ

カエデ属は種類が多いが代表選手はイロハモミジ

　秋の紅葉シーズンに欠かせないのがカエデ。カエデはカエデ科カエデ属の総称で、日本の山野には約25種が自生する。最もポピュラーなのがイロハモミジで、公園や庭園にも広く栽培される。また、同属のヤマモミジやオオモミジもしばしば栽培される。葉は夏の間は緑色で晩秋に赤く色づくことが多いが、たまに黄色く色づくものもある。また、春の芽出しから葉色が赤いものもある。ちなみにカエデの名は、葉の形が「カエルの手」に似ていることから来ている。

イロハモミジの花。春、新芽の展開とともに花を咲かせる

イロハモミジ。カエデ属の中では最もポピュラー。澄んだ秋空と紅葉のコントラストが美しい

イロハモミジは晩秋に鮮やかな赤色に色づく

樹皮は淡い褐色でなめらか

冬芽。枝先に2個の赤い芽がつくことが多い

中には葉が黄色く色づくものもある

果実には翼があり、風に舞いながらくるくる回転する

ヤマモミジ。日本海側の山地に多く自生する

ヤマモミジの葉は、イロハモミジに比べると大きく幅も広い

紅垂れ（ベニシダレ）。ヤマモミジの園芸種

カエデの仲間②

Acer spp.
●花期:4〜5月 ●果期:7〜9月 ●紅葉:10〜12月

科 名	カエデ科
和 名	トウカエデ(唐楓)
樹 高	10〜20m
原 産	中国・台湾
分 布	植栽(公園など)

※代表種:トウカエデ

観賞用に栽培されるカエデの中には海外の種類もある

　カエデの仲間は葉の色や形が美しく、観賞用に栽培される種も多い。また近年は、海外から導入された種類も増え、公園などに植栽されている。海外系統のうち、比較的古くから植えられるものとして中国原産のトウカエデがある。トウカエデは生長が早く大気汚染にも強いため、街路樹として広く植栽されている。その他、北アメリカ原産のアメリカハナノキやネグンドカエデ、ヨーロッパ原産のノルウェーカエデやコブカエデも栽培される。

トウカエデ。中国・台湾原産で街路樹によく使われる。葉は3裂し、秋に黄色や赤色に色づく

花は4月頃に咲くが淡黄色で小さく目立ちにくい

果実は幅の広い翼があり、2個1組となる。

アメリカハナノキ。北米原産で、春に赤い花を咲かせ、晩秋になると葉は鮮烈な赤色になる

サトウカエデ。北アメリカに自生し、樹液を煮詰めるとメープルシロップができる

ノルウェーカエデ。ヨーロッパ原産で、欧米ではわりとポピュラーな存在

ノムラカエデ。古くからあるオオモミジの園芸種で、春の新葉も赤く色づく

アオシダレ。葉が細かく切れ込むイロハモミジの園芸種。別名チリメンカエデ

ネグンドカエデ・バリエガツム。奇数羽状複葉の葉が特徴で、斑入り種が栽培される

公園に植栽されたヤマハゼ

果実は黄褐色で扁平。ブドウの房のようにぶら下がる

科 名	ウルシ科
和 名	ヤマハゼ(山黄櫨)
樹 高	5～8m
原 産	在来
分 布	本(関東以西)・四・九・沖

葉は奇数羽状複葉で、葉軸に毛が多い。秋は鮮やかに紅葉する

大きく育った木の樹皮は縦の裂け目が多い

ヤマハゼ

Rhus sylvestris

●花期:5～6月　●果期:9～11月　●紅葉:10～12月

花や果実は地味だが
晩秋には鮮やかに紅葉する

　山野に自生する落葉小高木で、関東地方以西の比較的暖かい地域に分布する。晩秋の紅葉は色が鮮やかで目立つ。近縁種にハゼノキがあり、いずれも果実からロウが採れるため、ロウソクの原料として栽培されていた。

見頃: 8, 9

葉軸に翼があるのが特徴。葉はウルシ同様、かぶれることがあるので注意

科名	ウルシ科
和名	ヌルデ(白膠木)
樹高	5〜10m
原産	在来
分布	ほぼ全国

夏に小さな白い花をたくさん咲かせる。花弁は5枚で後ろへ反り返る

ヌルデ

Rhus javanica
●花期:8〜9月　●果期:10〜11月　●紅葉:10〜12月

山野によく見られ葉軸に翼があるのが特徴

　ヌルデシロアブラムシが寄生し虫こぶができるため別名フシノキ。また、秋に紅葉した姿は美しいため「ヌルデモミジ」とも呼ばれる。名の由来は、幹を傷つけると白い樹液が採れ、昔は木工品などによく塗られた。

秋の紅葉と果実。果実は熟すと白い粉をかぶる

近縁種 
ヤマウルシ。山野に自生する落葉低木。葉軸に翼はない。ウルシ同様に汁液でかぶれる

冬、枝に残った果実が目立つ

初夏に淡紫色の花を枝いっぱいに咲かせる。花弁は5枚

科 名	センダン科
和 名	センダン（栴檀）
樹 高	5〜10m
原 産	在来
分 布	四・九・沖

果実はだ円形で、熟すと淡黄色になる

葉は2〜3回羽状複葉で、小葉が多く複雑に見える

センダン

Melia azedarach
●花期:5〜6月　●果期:10〜12月

葉が落ちたあとも果実は枝に残るため、かなり目立つ

　四国以西の海岸付近には自生するものもあるが、一般的には人家や公園などに植栽されたものを見る機会が多い。材木は家具や下駄よくに使われ、果実や樹皮は生薬として利用される。古くはオウチともいった。

枝先に円すい花序を出し、淡黄色の花を咲かせる

科 名	ニガキ科
和 名	ニワウルシ(庭漆)
樹 高	約25m
原 産	中国
分 布	河原などで野生化

早春の芽生えの様子

ニワウルシ

Ailanthus altissima
●花期:6月 ●果期:7～9月

もともとは庭園に植えられていたが、各地で野生化している

　中国原産で、明治時代に渡来して公園や庭園に植栽されている。ただ、生長が早く、繁殖力が強いため各地で野生化している。雰囲気がウルシに似ているためウルシの名があるが、ウルシ科ではなくニガキ科の樹木。別名シンジュ。

果実は披針形の翼を持ち、真ん中に種子がひとつ入っている

冬芽は小さいが、葉痕が大きく特徴的な姿となる

見頃: 4, 5

葉は深緑色で揉むと柑橘系の匂いがする。葉柄には幅広の翼がある

果実は晩秋以降に黄色く熟す

科 名	ミカン科
和 名	ユズ（柚子）
樹 高	2〜4m
原 産	中国
分 布	植栽（果樹など）

花は白色で花弁は5枚。雄しべは合着して筒状になる

近縁種

シシユズ。ブンタンの仲間で、果実はゴツゴツして大きく重さが1kgにも達する

ユズ

Citrus junos

他 ●花期:4〜5月 ●果期:11〜2月

冬至にゆず湯に入る風習は江戸時代に始まった

　中国原産の柑橘類の一種で、果樹として広く栽培される。初夏に白い花を咲かせ、冬に果実が黄色く熟す。果肉は酸味が強いが、果皮の香りがよいため、料理の香りづけによく利用される。また、果実をお風呂に入れてゆず湯にする。

防犯効果のある生垣として、見直したい樹種

見頃
1
2
3
4
5
6
7
8
9
10
11
12

- 科 名 ❖ ミカン科
- 和 名 ❖ カラタチ（唐橘）
- 樹 高 ❖ 1～3m
- 原 産 ❖ 中国
- 分 布 ❖ 植栽（庭木など）

花は白色で花弁は5枚。花弁と花弁の間にはかなりのすき間がある

カラタチ

Poncirus trifoliata
（他）
● 花期:4～5月　● 果期:10～11月

古くから生垣に利用され、鋭い刺が天然の防護柵にもなる

　中国原産の落葉低木で、刈り込みに強く盛んに枝分かれするため、生垣として古くから利用されてきた。春、葉が出る前に白い花を咲かせた後、秋にミカンのような果実がなる。ただこの果実は苦くて食用に向かない。

葉は3出複葉。アゲハチョウ類の食樹になる

刺は鋭く、うっかり触れるとかなり痛い

果実は冬に熟し、そのまま生で食べられる

花期はユズよりも遅く梅雨時期に咲く

科 名	ミカン科
和 名	キンカン（金柑）
樹 高	1〜2m
原 産	中国
分 布	植栽（果樹など）

種類によって果実の大きさや形が異なる

近縁種

マメキンカン。果実が小さく食べられないが、観賞用に栽培される。別名キンズ。

キンカン

Fortunella spp.

●花期:6〜7月 ●果期:11〜2月

キンカンは複数種の総称でいずれも果樹として栽培される

　中国原産の柑橘類で、暖地を中心に果樹として栽培される。マルキンカン、ナガキンカン、ネイハキンカンなどいくつかの種類があり、総称してキンカンと呼ばれる。他の柑橘類と異なり、果皮ごと生食でき、甘くておいしい。

やや湿った山林内によく見られる

見頃
1
2
3
4
5
6
7
8
9
10
11
12

- 科 名❖ミカン科
- 和 名❖サンショウ(山椒)
- 樹 高❖1〜5m
- 原 産❖在来
- 分 布❖北・本・四・九

春に黄緑色の花を咲かせる。雌雄異株で、写真は雄花

サンショウ

Zanthoxylum piperitum
●花期:4〜5月　●果期:9〜12月

古くから香辛料として利用されウナギの蒲焼きでもおなじみ

　林内に自生するほか、香辛料として利用するために広く栽培される。若葉は薬味として使い、熟した果実は粉末にして粉山椒として蒲焼きなどに利用する。枝に鋭い刺があるが、刺のないアサクラザンショウという品種もある。

果実は赤く熟し、やがて裂けて黒く光沢のある種子が出る

枝には鋭い刺が対生してつく

葉は長だ円形で枝先に集まってつく

雄花。花弁とがくはなく、雄しべのみ

雌花。赤紫色の柱頭が目立つ

科名	ユズリハ科
和名	ユズリハ（譲葉・楪）
樹高	約10m
原産	在来
分布	本（南東北以南）・四・九・沖

雌株は初冬に黒く熟した果実がいくつもぶら下がる

ぷっくり膨らんだ冬芽は、葉柄と同じ紅色で存在感がある

ユズリハ

(他) *Daphniphyllum macropodum*
●花期:5〜6月　●果期:11〜12月

縁起のよい木とされ
葉は新年のお飾りに使われる

　山林に自生し、しばしば栽培される常緑高木。多雪地帯には雪に強い変種のエゾユズリハが見られる。春先に新しい葉が出ると、古い葉が譲るように落葉するため、切れ間なく世代交代が行われる縁起のよい木とされる。

枝先に長い花穂がつき黄色い雄花が目立つ。雌花は穂の根元に数個つく

科名	❖トウダイグサ科
和名	❖ナンキンハゼ（南京櫨）
樹高	❖約15m
原産	❖中国
分布	❖植栽（街路など）

街路樹として植栽されたナンキンハゼ

ナンキンハゼ

Sapium sebiferum
●花期:7月 ●果期:10～11月 ●紅葉:10～11月

強健で管理しやすいため街路樹として利用される

　中国原産で街路樹や公園樹として各地で植栽されている落葉高木。かつてはハゼノキの代用として、種子からロウの原料を採った。秋の紅葉が美しく、乾燥や刈り込みに強いことから、現在は街路樹として広く使われている。

果皮が落ちたあと、白いロウに包まれた種子が枝先に残る

葉は秋に赤く色づく

本来は高木だが、刈られやすく樹高も低め

雄花。雄しべがポンポンのようにつく

雌花は3本の太い雌しべが目立つ

科 名	トウダイグサ科
和 名	アカメガシワ（赤芽柏）
樹 高	約15m
原 産	在来
分 布	本・四・九・沖

葉の基部に蜜腺があり、しばしばアリが来ている

果実は刺状の突起があり、熟すと裂けて黒い種子が顔を出す

アカメガシワ

Mallotus japonicus

●花期:6～7月　●果期:9～10月

見かける頻度が高い樹種のひとつで新芽は赤みを帯びる

　林縁や伐採跡地など、明るい場所によく生える落葉高木。名前のとおり、枝先の新しい葉は赤みを帯びる。枝や葉は星状毛という放射状に生える毛に覆われる。葉を皿の代わりに使ったのでゴサイバ（五菜葉）という別名もある。

葉は円心形で、葉身は10〜25cmと大きい

見頃
1
2
3
4
5
6
7
8
9
10
11
12

科 名❖トウダイグサ科
和 名❖オオバベニガシワ（大葉紅柏）
樹 高❖1〜3m
原 産❖中国
分 布❖植栽（庭木など）

雌雄同株だが雄花と雌花がある。写真は雄花

オオバベニガシワ

Alchornea davidii
●花期：3〜4月

春の芽吹きとともに出る紅色の若葉が美しい

　中国原産の落葉低木で、若葉が紅色をして美しいため、庭木として観賞用に栽培される。ただ、夏場の葉は緑色である。春に新芽が出る時は、若葉とともに花も咲くが、花は地味で目立ちにくい。雌雄同株だが、雄花と雌花がある。

若葉は美しい紅色で春の芽吹き時は目立つ

花は葉の展開とともに咲くが地味で目立たない

見頃
| 1 |
| 2 |
| 3 |
| 4 |
| 5 |
| 6 |
| 7 |
| 8 |
| 9 |
| 10 |
| 11 |
| 12 |

古い神社のわきにあったヤブツバキの大木

雄しべは白色で、根元で合着して筒状になる

科 名❖ツバキ科
和 名❖ヤブツバキ(藪椿)
樹 高❖5～6m
原 産❖在来
分 布❖本・四・九・沖

果実は茶褐色で球形。熟すと裂開し、中から数個の種子を出す。種子から採れる油が椿油

ヤブツバキ

Camellia japonica
●花期:12～4月

野生種のツバキで赤紫色の素朴な花を咲かせる

　各地の山野に自生する常緑高木で、海沿いの地域に比較的多い。花は赤紫色が典型だが、稀に白色や淡紅色のものもある。雄しべが基部でくっつき、筒状になるのが特徴。メジロなどの野鳥が花粉を媒介する鳥媒花(ちょうばいか)である。

花は咲き終わるとそのままポロっと落ちる

典型的なサザンカの花は白色で一重咲き

見頃
| 1 |
| 2 |
| 3 |
| 4 |
| 5 |
| 6 |
| 7 |
| 8 |
| 9 |
| **10** |
| **11** |
| **12** |

科名❖ツバキ科
和名❖サザンカ(山茶花)
樹高❖2〜6m
原産❖在来
分布❖本(山口県)・四・九・沖

果実は球形で強い光沢がある

サザンカ

Camellia sasanqua
●花期:10〜12月

ツバキとともに花の少ない季節を彩る貴重な存在

　初冬の花の代表的な存在だが、自生地は比較的限られる。そのため、目にするものは、植栽されたものが圧倒的に多い。野生種は一重の白い花を咲かせるが、園芸種は花色が豊富で、ツバキとの区別が難しいものもある。

ツバキは葉脈が透けて見えるが、サザンカの葉脈は透けない

花後はツバキと違って花弁がハラハラと散る

ツバキ（園芸種）の仲間

Camellia spp.
●花期：10〜5月 ※品種による

科 名	ツバキ科
和 名	カンツバキ（寒椿）など
樹 高	2〜6m
原 産	園芸交雑種
分 布	植栽（庭木など）

花木として世界的に栽培され園芸種は1万種以上もある

　ツバキ科ツバキ属は日本を中心とした東アジアに150種ほど自生している。この仲間は世界中で盛んに栽培されており、園芸種はなんと1万種以上もある。花色が豊富で、花の形も一重や八重以外にも多様な形態がある。これらはカンツバキ品種群、サザンカ品種群、ハルサザンカ品種群など、いくつかにグループ分けされている。カンツバキ品種群の勘次郎（別名：立寒椿）や獅子頭（別名：寒椿）は、公園などに植栽され見かける機会も多い。

オトメツバキ。ユキツバキの園芸種で、桃色の八重咲き。花は春に咲く

獅子頭。カンツバキ品種群。関東では単にカンツバキとも

キンギョツバキ。葉の形がまるで金魚を連想させる形をした園芸種

花の雪。サザンカ品種群。一重咲き。花色は白色で淡紅色が混じる。花期は11～12月

富士の峰。カンツバキ品種群。千重(せんえ)咲きで冬に白い花を咲かせる

紅雀。ハルサザンカ品種群。花は桃紅色で八重咲き、極小輪。花期は12～翌3月

ワビスケ。古くから茶花として人気。花は小輪で、雄しべの先が退化している

畑わきに生垣として植栽されたチャ

花を見るとツバキ科というのも納得。白色で花弁は5〜7枚程度

科 名	ツバキ科
和 名	チャ（茶）
樹 高	1〜2m
原 産	中国西南部
分 布	植栽（畑など）

チャ

Camellia sinensis
●花期：10〜11月

初夏の新芽を摘んで緑茶用の茶葉として利用する

果実はずんぐりとした球形で、熟すと3つに裂ける

葉はだ円形で波状の鋸歯がある。硬くて光沢が強い

　中国原産の常緑低木で茶葉を採るために広く栽培される。チャには、シネンシスとアッサムの2つの系統があり、日本で栽培されるのはシネンシス。緑茶や紅茶、ウーロン茶は、製法は異なるがいずれもチャの葉を原料にしている。

葉は長だ円状倒披針形で縁は全縁。硬く光沢がある

見頃
1
2
3
4
5
6
7
8
9
10
11
12

科 名	ツバキ科
和 名	サカキ(榊)
樹 高	約10m
原 産	在来
分 布	本(関東以西)・四・九・沖

冬芽は細長く、鎌状に曲がるのが特徴

サカキ

Cleyera japonica

●花期:6〜7月 ●果期:11〜12月

神社に植栽され
枝葉は神事に利用される

　暖地の山林内に自生する常緑樹。神事に使われる神聖な木として神社に植栽されていることが多い。サカキの名前は1年を通して葉が茂ることから栄樹という意味で、榊という漢字は神事に使うことから作られた国字である。

果実は球形で晩秋に黒く熟す

花は白色で花弁は5枚。大きさは直径15mm程度

樹木なるほどコラム ❸
ご存じですか? 都道府県の木

日本の47都道府県には「県木」と呼ばれる木があります。
ここではどんな木が、県木になっているか、見ていきましょう。

エゾマツ
マツ科の針葉樹で北海道では全域に自生している。高くのびる樹形には躍動する北海道のイメージも盛り込まれている

北海道

ケヤキ
ニレ科の落葉高木で、街路樹や公園樹として広く植栽されている。知名度も高く、3つの県がシンボルとして採用している

宮城県、福島県、埼玉県

イチョウ
秋に葉が黄色く色づく木としてあまりにも有名。東京など3つの都府県のシンボルに制定されている

東京都、神奈川県、大阪府

クスノキ
古くから親しまれてきたクスノキ科の樹種で、有名な巨木も多く存在する。西日本4県でシンボルとして採用されている

兵庫県、佐賀県、熊本県、鹿児島県

スギ

スギは花粉のイメージが強いが、一方で優良な材木として欠かせない。秋田杉などブランド化されたものも多い

秋田県、富山県、三重県、京都府、奈良県、高知県、宮崎県

カエデ（モミジ）

カエデはカエデ科カエデ属の総称で、俗にモミジとも呼ばれる

山梨県、滋賀県、広島県

ウバメガシ

ブナ科の常緑樹で和歌山県の木に指定されている。ちなみに、和歌山県の県花はウメ

和歌山県

オリーブ

香川県の木に指定されている。香川県では、小豆島で栽培されるオリーブが有名

香川県

モクセイ

静岡県の木。キンモクセイやギンモクセイなど、近縁の仲間を総称している

静岡県

フェニックス

和名はカナリーヤシ。カナリー諸島原産のヤシ科の樹木

宮崎県

47都道府県の木一覧

都道府県	木	都道府県	木	都道府県	木
北海道	エゾマツ	新 潟	ユキツバキ	鳥 取	ダイセンキャラボク
青 森	ヒバ（ヒノキアスナロ）	富 山	タテヤマスギ	島 根	クロマツ
岩 手	ナンブアカマツ	石 川	アテ（ヒノキアスナロ）	山 口	アカマツ
宮 城	ケヤキ	福 井	マツ	香 川	オリーブ
秋 田	アキタスギ	静 岡	モクセイ	愛 媛	マツ
山 形	さくらんぼ	愛 知	ハナノキ	徳 島	ヤマモモ
福 島	ケヤキ	岐 阜	イチイ	高 知	ヤナセスギ
群 馬	クロマツ	三 重	神宮スギ	福 岡	ツツジ
栃 木	トチノキ	滋 賀	モミジ	大 分	ブンゴウメ
茨 城	ウメ	奈 良	スギ	佐 賀	クスノキ
埼 玉	ケヤキ	和歌山	ウバメガシ	長 崎	ツバキ・ヒノキ
東 京	イチョウ	京 都	北山杉	熊 本	クスノキ
千 葉	マキ	大 阪	イチョウ	宮 崎	フェニックス・ヤマザクラ・オビスギ
神奈川	イチョウ	兵 庫	クスノキ	鹿児島	カイコウズ・クスノキ
山 梨	カエデ	岡 山	アカマツ	沖 縄	リュウキュウマツ
長 野	シラカバ	広 島	モミジ		

見頃: 6, 7, 8, 9, 10, 11, 12

樹高は15mに達することもある

花の直径は5〜6cmと大きい。花弁は5枚で縁はややギザギザした形状になる

科名	ツバキ科
和名	ナツツバキ（夏椿）
樹高	約15m
原産	在来
分布	本(福島・新潟県以西)・四・九

開いた果実は種子を落とした後も枝に残ることが多い

葉はだ円形で握りこぶしぐらいの大きさ

年数が経つと樹皮がはがれまだら模様になる

ナツツバキ

Stewartia pseudocamellia

●花期:6〜7月　●果期:8〜11月　●紅葉:11〜12月

シャラノキの別名があるが本物の沙羅双樹はまったく別種

　山地に自生するほか庭木や公園樹としてもしばしば栽培される落葉高木。樹皮ははがれやすく、灰白色と橙色のまだら模様になって目立つ。ナツツバキに似て全体的に小さめな、近縁種のヒメシャラも同様に栽培される。

6〜7月にかけて、白い花を下向きに咲かせる

花弁は5枚。通常は両性花だが、雄花だけを咲かせる個体もある

科名 ✤ ツバキ科
和名 ✤ モッコク(木斛)
樹高 ✤ 10〜15m
原産 ✤ 在来
分布 ✤ 本(関東以西)・四・九・沖

モッコク

Ternstroemia gymnanthera
●花期:6〜7月　●果期:10〜11月

冬に赤い果実が目立つ常緑樹で庭木として定番の樹種

　暖地の海岸近くの山林に自生するが、庭木として人気が高く、散歩道では植栽されたものを見かける機会が多い。初冬に赤く丸い果実が多数でき、熟すと不規則に割れて種子をこぼす。葉は倒卵形でツヤツヤとしている。

果実は球形で次第に赤く色づく

熟すと不規則に裂け、中から鮮やかな赤色の種子がでる

見頃: 3, 4, 10, 11

葉わきに花をつけるが、下側に偏る傾向がある

雄花。花は丸っこいベルのような形

雌花。雄花に比べると花は小さめ

科 名	ツバキ科
和 名	ヒサカキ
樹 高	3〜10m
原 産	在来
分 布	本・四・九・沖

雌株は晩秋になると、熟した黒っぽい果実をぎっしりつける

近縁種

ハマヒサカキ。ヒサカキに似るが葉は丸っこい。植え込みや生垣に利用される

ヒサカキ

他

Eurya japonica var. japonica
●花期:3〜4月　●果期:10〜11月

春の開花期には、あたり一面ガス漏れ時のような臭いが漂う

　山野によく見られる雌雄異株の常緑樹。春、葉わきに小さなベルのような花を咲かせるが、花の可愛らしさとは裏腹にガス漏れ時のような悪臭があり、臭いで花の存在に気づくほど。地域によってはサカキの代用として利用される。

つる植物なのであちこちに絡みつきながら生長する

見頃
| 1 |
| 2 |
| 3 |
| 4 |
| 5 |
| 6 |
| 7 |
| 8 |
| 9 |
| 10 |
| 11 |
| 12 |

科 名❖アケビ科
和 名❖ムベ（郁子）
樹 高❖つる性
原 産❖在来
分 布❖本(関東以南)・四・九・沖

雌雄同株だが雄花と雌花がある。写真は雌花で3本の雌しべがある

ムベ

Stauntonia hexaphylla
●花期:4〜5月　●果期:10〜11月

暖地に多いアケビの仲間で果実は生で食べられる

　暖地の海岸近くの常緑樹林内に自生するほか、広く植栽される常緑性のつる植物。アケビの仲間で常緑であることから、トキワアケビの別名もある。熟した果実は果肉が甘く生で食べられる。雌雄同株だが、結実には2株以上必要。

果実は長さ5〜8cmで、アケビとちがって熟しても裂開しない

葉は掌状複葉で、小葉の枚数は5〜7枚

見頃: 1 2 3 **4 5** 6 7 8 **9 10** 11 12

つるを長く伸ばし、あちこちに絡みつく

1本の花穂に多数の雄花と1〜3個の雌花がつく

科名	◆アケビ科
和名	◆アケビ（木通・通草）
樹高	◆つる性
原産	◆在来
分布	◆本・四・九

果実は熟すと真ん中付近から裂けてくる

近縁種
シロバナアケビ。アケビの近縁種で白い花を咲かせる

アケビ

Akebia quinata

●花期：4〜5月　●果期：9〜10月

果実は甘い果肉を生食するほか果実を包む皮も食べられる

　山野に生えるつる植物で、葉は5小葉。名の由来は、果実は熟すとパカッと開くことから「開け実」などいくつかの説がある。果実は果肉、果皮ともに食用になる。つるはしなやかで折れにくく、リース作りの材料にもなる。

見頃: 4, 5, 10, 11, 12

花は濃赤紫色。大きな花が雌花で、雄花は穂先に多数集まってつく

科 名	アケビ科
和 名	ミツバアケビ（三葉木通・三葉通草）
樹 高	つる性
原 産	在来
分 布	北・本・四・九

3小葉で、小葉の縁は波のような鋸歯がある

ミツバアケビ

Akebia trifoliata

● 花期:4～5月　● 果期:10～11月　● 黄葉:11～12月

山野に普通に自生するアケビの仲間で小葉は3枚

　山野のいたるところで見られるつる植物。葉は3小葉で、ふちには波状の鋸歯がある。秋になると長さ約10cmの果実ができ、アケビ同様に生で食べることができる。落葉性で、葉は秋になると黄色く色づく。

果実は熟すと赤紫色になり裂開する

近縁種

ゴヨウアケビ。アケビとミツバアケビの交雑種で結実しない。小葉の枚数は不定

見頃: 7, 8, 10, 11

雄花。花色は黄白色で、雄しべは6本

雌花。雌しべは6本ある

科 名	ツヅラフジ科
和 名	アオツヅラフジ(青葛藤)
樹 高	つる性
原 産	在来
分 布	北・本(関東以西)・四・九・沖

葉の形は変化が大きい

果実は一見おいしそうだが、有毒なので食べないよう注意

果実の中にある核。アンモナイトのような形をしている

アオツヅラフジ

Cocculus trilobus

●花期:7〜8月　●果期:10〜11月

秋にヤマブドウに似た果実が実るが、有毒で食べられない

　いたるところでよく見られ、都市部の道ばたにも多い。雌雄異株で、雌株は秋になると青黒い果実ができるが、これは有毒。乾燥させたつるは、つる細工の素材として利用できる。カミエビやピンピンカズラの別名がある。

枝はゆるやかに枝垂れる傾向がある

見頃
1
2
3
4
5
6
7
8
9
10
11
12

花は直径3〜4cm程度で花弁は5枚。雄しべは花弁より短い

科 名 ❖ オトギリソウ科
和 名 ❖ キンシバイ（金糸梅）
樹 高 ❖ 約1m
原 産 ❖ 中国
分 布 ❖ 植栽（庭木など）

キンシバイ

Hypericum patulum
●花期:6〜7月　●紅葉:11〜12月

ゆるやかに枝垂れた枝先に黄色く大きな花を咲かせる

　中国原産の低木で、日本にはかなり古い時代に渡来して、比較的温暖な地域で観賞用に栽培されている。6〜7月にかけて枝先につく黄色く大きな花は美しい。また、晩秋になると、鮮やかに紅葉することも多い。

葉は卵状長だ円形で、対生してつく

晩秋になるとしばしば美しく紅葉する

見頃: 6, 7

夏、黄色い花が枝先につく

雄しべは花弁よりも長くつき出て、もじゃもじゃに見える

科名	❖ オトギリソウ科
和名	❖ ビョウヤナギ(未央柳・美容柳)
樹高	❖ 約1m
原産	❖ 中国
分布	❖ 植栽(庭木など)

ビョウヤナギ

Hypericum chinense
●花期:6～7月

多数の雄しべが、花弁よりも突き出てかなり目立つ

中国原産の低木で、公園の植え込みなど花木として植栽されている。ヤナギ科の植物ではないが、細長い葉の形が柳の葉を連想させる。この仲間は本種も含め、ヒペリカムの名で複数種が花木として利用されている。

葉は細長く、柳の葉を連想させる

近縁種

ヒペリカム・ヒドコート。公園や植え込みによく植えられる。雄しべは短い

春に黄色い花を咲かせる

見頃
1
2
3
4
5
6
7
8
9
10
11
12

科 名❖メギ科
和 名❖メギ（目木）
樹 高❖約2m
原 産❖在来
分 布❖本（南東北以南）・四・九

花は黄色で直径5mm程度。花弁とがく片はそれぞれ6枚

メギ

Berberis thunbergii
●花期:4月 ●果期:10～11月 ●紅葉:10～11月

枝には鋭い刺がたくさんあり別名コトリトマラズとも

　山野に自生する落葉低木で、春に黄色い花を下向きに咲かせる。秋になると、赤く丸い果実がいくつもぶら下げるが、食味はまずいといわれる。枝には鋭い刺が多数あるため、コトリトマラズやヨロイドウシの別名がある。

秋に赤い果実を多数ぶら下げる

冬芽は刺の根もとにつくが小さくて目立ちにくい

秋から冬にかけ多数の赤い果実が目立つ

花は白色で直径5〜6mm程度

科名	メギ科
和名	ナンテン（南天）
樹高	約3m
原産	中国
分布	植栽（公園など）

近縁種

シロミノナンテン。 ナンテンの変種で、果実が白色に熟す

園芸種

オタフクナンテン。 ナンテンの一型で、背が低く葉の幅が広め。秋の紅葉が美しい

ナンテン

Nandina domestica
他
●花期:5〜6月　●果期:10〜11月

古くからおなじみの庭木で秋に赤い果実を多数つける

　中国原産で古くから観賞用に庭木として栽培されている。初夏に円すい花序を出し白い花を咲かせる。冬になると赤く丸い果実が多数でき、装飾用に利用される。野鳥が食べて種子を運ぶため、あちこちに野生化している。

大きく茂らないので、花壇で見かけることも

見頃
1
2
3
4
5
6
7
8
9
10
11
12

科 名❖メギ科
和 名❖ヒイラギナンテン（柊南天）
樹 高❖1～3m
原 産❖中国～ヒマラヤ・台湾
分 布❖植栽（公園など）

ひとつの花の大きさは直径5mm程度。花弁は黄色で6枚、雄しべは6本

ヒイラギナンテン

Mahonia japonica
●花期：3～4月　●果期：6～7月

古くから植栽され、ヒイラギのような葉が羽状につく

　日本には江戸時代に渡来し、以降庭木として不動の地位を確立している。幹が直立して、葉は枝先に集まってつく。奇数羽状複葉で、個々の小葉はヒイラギそっくり。近年は海外から近縁の樹種がいくつか導入されている。

花は枝先に穂状につく

初夏に青い果実ができる

見頃: 5, 6, 10, 11, 12

花は蝶形花で、上向きの大きな花弁が目立つ

がく片は5枚で淡紫色をしている

花穂は長く、根元から先端に向かって咲き進む

科 名	マメ科
和 名	フジ（藤）
樹 高	つる性
原 産	在来
分 布	本・四・九

豆果は長さ10〜20㎝に達し、表面はビロードのような肌ざわり

果実は熟して乾燥するとねじれるように弾け種子を飛ばす

フジ

Wisteria floribunda

●花期:5〜6月 ●果期:10〜12月

初夏に爽やかな淡紫色の花穂を多数ぶら下げる

　山野に自生するほか公園などにも広く栽培され、花の名所となっている場所も多い。フジの花の周りには、クマバチが羽音を立ててよく飛び交うが、ほとんどが針を持たない雄なうえ、性格も穏やかなので刺される心配はない。

春に黄色い花を枝いっぱいに咲かせる

見頃
1 / 2 / 3 / **4** / **5** / 6 / 7 / 8 / 9 / 10 / 11 / 12

- 科 名❖マメ科
- 和 名❖エニシダ（金雀枝）
- 樹 高❖1〜2m
- 原 産❖ヨーロッパ
- 分 布❖植栽（庭木など）

花はマメ科特有の蝶形花

昆虫がとまると花弁の中にあった雄しべと雌しべが顔を出す

エニシダ

Cytisus scoparius
●花期:4〜5月

黄色い花が可憐だが
猛毒植物としての裏の顔を持つ

　江戸時代に渡来したヨーロッパ原産の花木で、オランダ名のゲニスタがそのまま使われ、やがて転訛（てんか）しエニシダの日本名になったといわれている。愛でるだけなら問題ないが、強い毒を持つので誤食しないように注意。

果実は豆の形をしており、熟すと真っ黒になる

葉は3出複葉で小さい

見頃: 7, 8, 9, 11, 12

秋の七草のひとつで、林縁をやさしく彩る

花の形状はマメ科特有の蝶形花

花を横から見た様子。マルで囲んだ部分はがく

科名	マメ科
和名	ヤマハギ(山萩)
樹高	1〜2m
原産	在来
分布	北・本・四・九

果実は小さな豆果で、中に種子がひとつ入っている

近縁種

ミヤギノハギ。栽培されるハギ類の代表種。花期が早く梅雨期から咲いている

ヤマハギ

Lespedeza bicolor
●花期:7〜9月　●果期:11〜12月

野山に自生するハギの中ではもっとも頻繁に見られる

　俗にハギと呼ばれるものはハギ属ヤマハギ亜属に分類されるものの総称で、野生種だけでもさまざまな種類が存在する。そのうち、もっとも頻繁に見られるのがヤマハギで、夏から秋にかけて赤紫色の花を咲かせる。

枝からぶら下がる茶色いものが果実のさや

科名	マメ科
和名	ハリエンジュ（針槐）
樹高	約15m
原産	北アメリカ
分布	各地に野生化

花はマメ科特有の蝶形花で白色。香りがよく、蜜源にもなる

ハリエンジュ

Robinia pseudoacacia
●花期:5〜6月　●果期:10〜11月

有用樹だが各地で野生化し要注意外来生物に指定された

　北アメリカ原産で、砂防樹や蜜源植物としても利用されている。しかし繁殖力が強いため、各地の河原などで野生化している。生態系への影響が心配され、要注意外来生物および日本の侵略的外来種ワースト100に指定されている。

初夏に、フジのように花穂がぶら下がる

葉は奇数羽状複葉で、小葉はだ円形

花は枝上から束生してつく

晴れた日は鮮やかな色彩に目がチカチカするほど

科 名	マメ科
和 名	ハナズオウ（花蘇芳）
樹 高	2〜4m
原 産	中国
分 布	植栽（庭木など）

ハナズオウ

Cercis chinensis
●花期:4月

春、濃い赤紫色の花を枝にびっしりと咲かせる

花後、平べったい豆のさやをいくつもぶら下げる

葉は丸く基部はハート形になる

　中国原産で、古くから庭木として栽培されている。春、まだ葉が出る前に、枝のところどころからつぼみを出し、濃い赤紫色の花を多数咲かせる。比較的稀だが、白い花を咲かせるシロバナハナズオウも栽培される。

見頃: 6, 7, 10

花は夕方になると咲き始める

花弁は小さいが、多数の雄しべが目立ちポンポンのようになる

- 科名❖マメ科
- 和名❖ネムノキ(合歓の木)
- 樹高❖約10m
- 原産❖在来
- 分布❖本・四・九・沖

ネムノキ

Albizia julibrissin
(他) ●花期:6〜7月 ●果期:10〜12月

夕方になると赤紫色のふわふわした花を咲かせる

　河原などに自生するほか、庭木としても広く栽培されている。葉は暗くなると眠るように閉じるが、オジギソウと違って触っただけでは反応しない。花は夕方暗くなるころに開き始め、翌日にはしぼんでしまう。

長さ10〜15cmの豆のさやができ、中に種子が15個前後入っている

葉痕は不気味な顔のようにも見え、この中に冬芽が隠れている

見頃: 4, 5, 6, 11, 12

花は枝先に群がってつく

花弁は5枚で、咲き始めは白色だが、時間の経過とともに黄色になる

科名	トベラ科
和名	トベラ(扉)
樹高	2〜3m
原産	在来
分布	本・四・九・沖

果実は熟すと裂け、多数の赤い種子を落とす

冬芽は丸っこい形をしている

トベラ

Pittosporum tobira

●花期:4〜6月　●果期:11〜12月

初夏の海沿いで芳香のある白い花を咲かせる

　本州以南の海岸沿いに多く見られる常緑低木。葉は倒卵形で光沢があり、裏側に巻き込むような形になる。節分に枝葉を扉にはさんで鬼除けに使ったことから「扉の木」と呼ばれ、それが訛ってトベラとなった。

ガクアジサイ。花の外側を装飾花が囲む

科名	ユキノシタ科
和名	ガクアジサイ（額紫陽花）
樹高	1～3m
原産	在来
分布	本・四

※代表種：ガクアジサイ

装飾花の中心に本当の花がある。これが開かないと開花とはいえない

アジサイの仲間①

Hydrangea spp.
●花期：6～7月　●果期：11～12月

日本原産の花木で、シーボルト医師が感動し世界に広めた

　梅雨の花の代表的な存在であるアジサイは、本州南岸の限られた地域に自生するガクアジサイから作りだされた園芸種群。花のように見えるものは、がくが変化してできた装飾花（そうしょくか）で、本当の花は小さく目立ちにくい。

ガクアジサイには、装飾花のない花が多い

果実の中には細かい種子が多数入っている

枝先につく冬芽は大きな裸芽で、よく目立つ

アジサイの仲間②

Hydrangea spp.
● 花期:6〜7月　● 果期:11〜12月

科 名	ユキノシタ科
和 名	ヤマアジサイ(山紫陽花)
樹 高	1〜2m
原 産	在来
分 布	本(関東以西)・四・九

※代表種:ヤマアジサイ

ヤマアジサイ系の改良品種や海外の近縁種も栽培される

　アジサイの仲間で最もポピュラーなものがガクアジサイ系の園芸種だが、ヤマアジサイ系の園芸種もよく植栽される。ヤマアジサイは山地の沢沿いに自生し、ガクアジサイ類とは異なり葉は薄く光沢はない。その他、北米原産のカシワバアジサイなど海外の近縁種も鉢植えとして人気がある。

アジサイ。ガクアジサイの一型で花がすべて装飾花となったもの。装飾花の色や形はきわめて多様。別名ホンアジサイ

アメリカノリノキ'アナベル'。北米原産。白い花が多数つき手毬のようになる

カシワバアジサイ。北米原産で葉の形が特徴的。花は白色でさまざまな園芸種が栽培される

ヤマアジサイ '清澄沢'。千葉県清澄山で発見され、装飾花は白色で赤い縁取りが入る

ヤマアジサイ 'ベニガク'。装飾花は日光が当たると紅色になる

シチダンカ。ヤマアジサイの一種で、装飾花は八重になり先がとがる

ガクアジサイの園芸種群。装飾花の色や形はさまざま。八重になるものもある

ウズアジサイ。ガクアジサイの園芸種で、装飾花が丸っこく肉厚になる

タマアジサイ。本州の湿った山林内に自生し、つぼみが球形になるのが特徴

見頃: 5, 6, 7

枝先に円すい花序を出し、白い花を咲かせる

果実は2本の花柱が残って角のようになる

科名	ユキノシタ科
和名	ウツギ（空木）
樹高	1～3m
原産	在来
分布	北・本・四・九

葉はだ円形で対生してつく

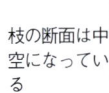

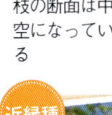

枝の断面は中空になっている

近縁種

サラサウツギ。ウツギの品種で花は八重咲き。花弁の外側が紅紫色になる

ウツギ

Deutzia crenata
●花期:5～7月

初夏の山野を白く彩り卯の花の名前で親しまれてきた

　山野の日当たりのよい場所に、よく見られる株立ち状の低木。枝を切ると断面が中空となっていることから、漢字で空木と書く。「卯の花」の別名があるが、これは旧暦の4月（卯月）に咲くからという説がある。

公園樹や庭木として見かける機会が増えた

見頃
1
2
3
4
5
6
7
8
9
10
11
12

科名	マンサク科
和名	ベニバナトキワマンサク（紅花常葉満作）
樹高	約3m
原産	中国
分布	植栽（公園など）

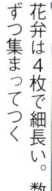

花弁は4枚で細長い。数個ずつ集まってつく

ベニバナトキワマンサク

Loropetalum chinense var. rubra
●花期：4〜5月　●果期：11〜2月

紅紫色の細長い花弁が印象的な中国原産の花木

　トキワマンサクの変種。トキワマンサクは国内では三重県など自生が限られるが、本種は中国原産で公園などに植栽される。春先に紅紫色の鮮やかな花を多数咲かせる。葉色は緑色のものから赤紫色のものまで変化が大きい。

葉はだ円形で赤紫色がかるものもある

果実は細長い球形で褐色の星状毛に覆われる

171

見頃: 3, 4, 10, 11, 12

葉は秋になると赤色もしくは黄色に色づく

花弁は4枚で、金糸玉子のような姿をしている

科名	マンサク科
和名	マンサク(満作)
樹高	2〜5m
原産	在来
分布	本(関東以西)・四・九

葉は左右非対称で歪んで見える

果実は茶褐色で、熟すと裂開し黒い種子を2個出す

マンサク

Hamamelis japonica
●花期:3〜4月 ●紅葉:10〜12月

早春の山で、小さな黄色い花を枝いっぱいに咲かせる

山地に生え、春に葉に先立って黄色い花をいっせいに咲かせる。名前の由来には、枝いっぱいに花を咲かせることから豊年満作の満作が当てられたという説と「早春にまず咲く」から来ているという説の2つがある。

近縁種

シナマンサク。中国原産で花は大きく1〜3月に咲く。枯れ葉は花期にも枝に残る

春の公園でやさしい黄色の花をいくつも咲かせる

見頃
1
2
3
4
5
6
7
8
9
10
11
12

科 名	マンサク科
和 名	ヒュウガミズキ（日向水木）
樹 高	1〜3m
原 産	在来
分 布	本（北陸・近畿北部）

ヒュウガミズキは、近縁種の中では穂が短く、つく花の数も少ない

ヒュウガミズキ

Corylopsis pauciflora
●花期：3〜4月

ヒュウガとつくが日向（宮崎県）での自生は見つかってない

　北陸周辺の限られた地域の山地に自生していたが、近年公園などに広く植栽されている。春に葉が出るのと同時に淡黄色の短い花穂を出す。穂につく花の数は1〜3個程度。いくつかの近縁種も同様に植栽される。

葉は卵形で薄い

近縁種

トサミズキ。自生は高知県のみだが、公園などに植栽される。穂につく花は7〜10個程度

見頃: 3, 4, 6, 7

公園樹や街路樹として広く植栽される

雄花。花弁はない。花で花粉を飛ばす。風媒

雌花。2裂した赤い花柱が目立つ

科名	ヤマモモ科
和名	ヤマモモ（山桃）
樹高	5〜10m
原産	在来
分布	本（関東以西）・四・九・沖

果実は熟すと暗紅色になる

樹皮は灰白色〜褐色で年数を重ねると縦に裂ける

ヤマモモ

Morella rubra
●花期:3〜4月　●果期:6〜7月

夏にできる丸い果実は甘酸っぱくておいしい

　暖かい地域の山地に多く自生する雌雄異株の照葉樹。公園や街路にもしばしば植栽されている。雌株には丸い果実が多数でき、夏になると黒みがかった紅色に熟す。この果実は生食でき、甘酸っぱくておいしい。

河原を歩くとよく見かける

見頃: 5, 6, 9, 10

科名	クルミ科
和名	オニグルミ（鬼胡桃）
樹高	7～10m
原産	在来
分布	北・本・四・九

雌花。赤いモールのような花柱が美しい

雄花。緑色の花穂が多数垂れ下がる

オニグルミ

Juglans mandshurica var. sachalinensis

●花期:5～6月　●果期:9～10月

ヤナギ類とともに河原に生える樹種の代表的な存在

　河原でよく見られる落葉高木で、ヤナギ類とともに河畔林の代表的な構成樹種のひとつとなっている。種子は硬い果皮に覆われて取り出すのが大変だが美味しい。近縁のヒメグルミやテウチグルミが食用に栽培される。

果実の外側は、果肉のように肥大した花床に包まれる。

冬の葉痕は可愛い顔のように見える

花穂は白色。穂の長さは3〜5cm程度で日本のヤナギ属では最も長い

枝は直立性のものと匍匐性のものがある

科名	ヤナギ科
和名	ネコヤナギ(猫柳)
樹高	1〜5m
原産	在来
分布	北・本・四・九

ネコヤナギ

Salix gracilistyla

●花期:3月

早春の花穂は、ふわふわの猫のしっぽを連想させる

葉は長だ円形で対生する

冬芽は最初左のように帽子をかぶっているが、やがて外れる

　山地の渓流沿いに自生するほか、庭園にも植栽される。早春、葉が出る前に、白くふわふわな花穂を多数つける。これを猫の尾に見立てたことが名前の由来。花穂が黒いクロヤナギという変種があり、花材として栽培される。

春、葉が出るとともに淡黄色の花穂を出す

科名	ヤナギ科
和名	シダレヤナギ（枝垂柳）
樹高	8〜17m
原産	中国
分布	植栽（公園など）

特徴的な姿なので、遠くからでもひと目でわかる

シダレヤナギ

Salix babylonica
● 花期：3〜4月　● 果期：5月

枝の雰囲気からか怪談によく登場する樹種

　古い時代に中国から渡来し、池のほとりや水路沿いによく植えられている。枝が長くしだれ、遠目からでも簡単に判別できる。ヤナギの仲間で年数を重ねたものは、クヌギと同様にクワガタの仲間がよく集まってきている。

樹皮は縦に裂け、老木になると樹液を出す

近縁種

マガタマヤナギ。シダレヤナギの園芸種で、葉がくるんと巻く。別名メガネヤナギ

湿地周辺によく見られる

見頃
1
2
3
4
5
6
7
8
9
10
11
12

雄花。早春に開花し、花粉を大量に飛ばす

雌花。雄花の穂よりも下の方に数個つく

科名	カバノキ科
和名	ハンノキ（榛の木）
樹高	10〜20m
原産	在来
分布	ほぼ全国

冬場。枝にぎっしりとついた開花待ちの穂が目立つ

葉は長だ円形で先がとがる

ハンノキ

Alnus japonica
●花期：11〜4月　●果期：10〜11月

湿地に生える樹種でミドリシジミの食樹として有名

　湿った場所に多く生える落葉高木。冬から早春にかけてに開花するが、風媒花で花粉を大量に飛ばすため、花粉症の原因になる。ミドリシジミチョウの食樹となっているため、このチョウを守るために欠かせない樹種となっている。

夏の雑木林でよく見かける

見頃
1
2
3
4
5
6
7
8
9
10
11
12

- 科名❖カバノキ科
- 和名❖イヌシデ（犬四手）
- 樹高❖約15m
- 原産❖在来
- 分布❖本（岩手・新潟県以南）・四・九

春に淡黄色の雄花の穂をぶら下げる。雌雄同株だが、雄花序と雌花序は別々

イヌシデ

Carpinus tschonoskii
- 花期:4〜5月 ●果期:10〜12月

平地の雑木林に生えるが高木なので気づきにくい

　平地の雑木林でよく見られるとても身近な樹種のひとつ。春にたくさんの黄色い花穂をつける。果実は1つずつ大きな苞に包まれ、それが穂になってぶら下がり、神前にささげる四手（しで）を連想させる形になる。

果穂は苞（ほう）が目立ち、四手を連想させる

近縁種

アカシデ。イヌシデによく似るが新芽や紅葉の赤が美しい。山野に自生する

自生は限られるが、公園や街路によく植栽される

雄花序。白い雄しべが目立つ

雌花序。小さな雌花が点々とついている

科名	ブナ科
和名	マテバシイ（馬刀葉椎）
樹高	約15m
原産	在来
分布	九（南部）・沖

典型的な照葉樹で、葉は光沢があり革のように丈夫な質感

どんぐりは、花後1年かけて生長し、翌年秋に熟す

マテバシイ

Lithocarpus edulis
● 花期:6月 ● 果期:9〜11月

近年、都市部の公園や街路でよく見かけるようになった

　九州南部から沖縄の海沿いに自生していた暖地性のドングリだったが、都市環境に強いため、公園樹や街路樹として急速に普及した。秋にできる大きなドングリは渋みが少ないため食用になる。別名サツマジイ、マタジイ。

初夏に淡黄色の花穂を樹冠いっぱいつける

葉は広だ円形で先がとがる。葉裏は細かい毛が密生し茶色っぽい

科名❖ブナ科
和名❖スダジイ
樹高❖約20m
原産❖在来
分布❖本（福島以南）・四・九・沖

スダジイ

Castanopsis sieboldii
●花期:5〜6月　●果期:10〜12月

いわゆる椎の木で、頭のとがったドングリができる

　暖地に自生する照葉樹で、神社や公園に植栽されてしばしば大木になる。ドングリは、やわらかい殻斗（帽子）に完全に包まれるが、熟すと3つに裂ける。ドングリはアクが少ないため食用になる。イタジイ、ナガジイの別名がある。

若い果実は、殻斗に完全に覆われている

ドングリは濃茶色で先がとがる

見頃: 4, 5, 10, 11, 12

葉は長だ円状披針形でクリの葉にも似る

葉が出るのと同時に雄花穂をぶら下げる。雌花もつくが小さく目立たない

科 名◆ブナ科
和 名◆クヌギ(椚・橡)
樹 高◆約15m
原 産◆在来
分 布◆本・四・九・沖

樹皮は灰褐色で不規則にはがれ、時に樹液が出る

クヌギ

Quercus acutissima
●花期:4〜5月 ●果期:10〜12月

雑木林の代表種で、かつては生活に欠かせない樹種だった

どんぐりは翌年の秋に熟す

殻斗はもじゃもじゃで、特徴がある

　かつては里山の雑木林に植林され、木材は薪に、落ち葉は肥料として利用されていた。幹から出る樹液は、カブトムシやクワガタ類など多くの昆虫の生命を支えている。西日本の雑木林では、近縁種のアベマキが多い。

雑木林でもっともよく見かける樹種のひとつ

見頃
1
2
3
4
5
6
7
8
9
10
11
12

科 名❖ブナ科
和 名❖コナラ（小楢）
樹 高❖約20m
原 産❖在来
分 布❖北・本・四・九

雄花は穂状に垂れ下がる

雌花は枝の上部の葉わきに数個つく

コナラ

Quercus serrata
●花期:4～5月　●果期:10～12月　●紅葉:11～12月

里山の雑木林を構成する代表種のひとつ

樹皮は縦に不規則に裂ける

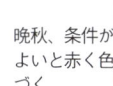

晩秋、条件がよいと赤く色づく

　雑木林の構成樹種で、かつてはクヌギとともに薪や堆肥に利用された。利用のための伐採や萌芽を繰り返すことで雑木林の環境が維持された。近代化とともに雑木林は放置され荒廃が進んだが、近年、里山環境が見直されつつある。

ドングリはその年の秋に熟す

見頃: 4, 5, 10, 11

特徴的な樹形なので、遠目からでもよく分かる

雄花は新しい枝の根元のほうにつく

科名	ニレ科
和名	ケヤキ（欅）
樹高	20〜25m
原産	在来
分布	本・四・九

雌花は枝先の葉わきに通常1個ずつつく

果実は熟すと小枝ごと落下する

ケヤキ

Zelkova serrata

●花期:4〜5月　●果期:10〜11月　●紅葉:10〜11月

なじみの深い落葉樹だが北海道や沖縄には自生しない

　ケヤキは山野に広く自生するほか、街路樹や公園樹として広く植栽されているなじみ深い樹種のひとつ。樹形が美しく、枝が扇のように広がって見えるのが特徴。材木は建材のほか家具や楽器の原料として利用されている。

葉は長だ円形で縁に鋸歯がある

見頃
1
2
3
4
5
6
7
8
9
10
11
12

科 名❖ニレ科
和 名❖アキニレ(秋楡)
樹 高❖約15m
原 産❖在来
分 布❖本(中部以西)・四・九・沖

果実には幅広の翼があり、風によって遠くまで運ばれていく

アキニレ

Ulmus parvifolia

（他）
●花期:9月 ●果期:10～11月 ●紅葉:11～12月

秋に開花し、すぐ果実が成熟するため花を見逃しやすい

　中部地方以西の山野に自生する落葉高木。それ以外の地域に自生はないものの、公園樹や街路樹、護岸目的でしばしば植栽される。北日本や高原地帯には近縁種のハルニレが自生するが、こちらは春から初夏にかけ開花・結実する。

樹皮は不規則にはがれ、まだら模様になる

秋になると黄色や赤褐色に色づく

185

見頃: 4, 5, 10, 11, 12

暖地でよく見る木で、大木になりやすい

果実は熟すと青黒くなり、生で食べられる

科名	ニレ科
和名	ムクノキ（椋の木）
樹高	15〜20m
原産	在来
分布	本（関東以西）・四・九・沖

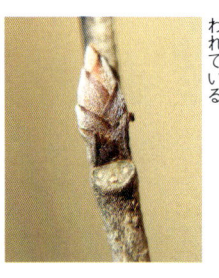

冬芽は堅い鱗芽にがっちりと覆われている

ムクノキ

Aphananthe aspera
●花期:4〜5月 ●果期:10〜12月

葉がザラザラしているため紙ヤスリの代用品になった

　暖地の山野によく生える落葉高木。鳥が種を運んだと思われる実生の苗も道端に頻繁に見かける。葉はザラザラしていて、昔は紙ヤスリ代わりに用いられた。秋にできる果実は、干し柿を濃縮したような味がしておいしい。

夏の間は地味な存在だが、果実が熟すと目につくようになる

春の芽出しの頃にいっせいに開花する

葉は光沢のある広だ円形で、左右不対称な形になっている

科 名◆ニレ科
和 名◆エノキ(榎)
樹 高◆約20m
原 産◆在来
分 布◆本・四・九・沖

エノキ

Celtis sinensis
●花期:4〜5月 ●果期:9月

日本の国蝶であるオオムラサキの食樹としても知られる

　各地の山野に普通に自生するほか、かつては一里塚や村の境界によく植栽された。年数を経て巨木になっているものも多い。また、多種類の生物を培う樹種のひとつでもあり、国蝶のオオムラサキの幼虫もこの葉を食べる。

果実は9月に熟し、橙色〜赤褐色になる

近縁種

シダレエノキ。エノキの一種で枝がしなだれる

見頃: 4, 5, 6, 7

雌花の集まり。白い糸状のものが雌しべ

科 名	クワ科
和 名	クワ（桑）
樹 高	3〜15m
原 産	日本・中国・北アメリカなど
分 布	植栽（果樹）

背が高くならず庭先で栽培できる改良品種もある

果実を食べる場合は黒く熟したものを。赤いのはまだ酸っぱい

近縁種
ヤマグワ。日本の山野に自生するほか、カイコの餌用に栽培されることも多い

マルベリー

Morus spp.

●花期:4〜5月　●果期:6〜7月

マルベリーはキイチゴではなくクワの仲間の果実

　マルベリーはクワの仲間を総称したもの。クワの仲間は、葉がカイコの餌となるため広く栽培されている。また、果実は熟すと甘酸っぱくておいしいため、果樹としても人気。熟したクワの実の色は「どどめ」色とも呼ばれる。

見頃: 5, 6, 7, 8, 9, 10

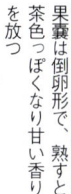

葉は掌状に細かく切れ込む

果嚢は倒卵形で、熟すと茶色っぽくなり甘い香りを放つ

科名	クワ科
和名	イチジク（無花果）
樹高	4〜8m
原産	西アジア
分布	植栽（果樹）

イチジク

Ficus carica
(他)
●花期:5〜8月 ●果期:8〜10月

日本で栽培されるイチジクは雌株のみで受粉せずに結実する

古くから果樹として栽培される落葉樹。イチジクの仲間の花は、隠頭花序（P.9参照）という特殊な構造をしている。花が果嚢の中で咲き、実を分解しないと見ることはできない。雌雄異株で、日本では雌株のみが栽培されている。

果嚢（かのう）は葉わきにつく

冬芽。先端のとがった部分が伸びて葉になる

近縁種

イヌビワ。暖地の山林内に見られる。雌雄異株で、いずれも果嚢は熟すと黒くなる

189

見頃: 3, 4, 10

コブシがいっせいに咲くと本格的な春を感じる

花は白色で直径7cm程度。花の下に小さな葉が1枚ある

科名	モクレン科
和名	コブシ（辛夷）
樹高	約15m
原産	在来
分布	北・本・四・九

果実はゴツゴツした集合果で、熟すと赤くなる

葉は倒卵形でごわごわしたさわり心地

コブシ

Magnolia kobus
● 花期：3〜4月　● 果期：10〜11月

野山で一勢に白い花を咲かせ、春の到来を告げる

　山野によく見られる落葉高木で、よく育ったものは樹高が約15mに達することもある。果実が握りこぶしのような形をしていることが名前の由来となっている。冬芽はふわふわの毛に覆われて見るからに暖かそうな姿をしている。

近縁種

シデコブシ。自生は本州中部の一部に限られるが、街路樹として広く植栽されている

花の大きさは直径10cm程度。がくと花弁は外見上そっくりで計9枚

科 名	モクレン科
和 名	ハクモクレン(白木蘭・白木蓮)
樹 高	約15m
原 産	中国
分 布	植栽(公園など)

庭園に植栽されたハクモクレン

ハクモクレン

Magnolia denudata
●花期:3～4月 ●果期:10月

赤紫色の花をつける近縁のモクレンとともに栽培される

　中国原産で、古くから庭園の花木として栽培されている。花はコブシと同じ白色だが、花被片に厚みがあってどっしりと存在感がある。ハクモクレンとモクレンの交雑種で桃色の花を咲かせるサラサモクレンもしばしば栽培される。

葉は倒卵形で鋸歯はない

冬芽は長い毛に覆われふわふわしている

近縁種

モクレン。中国原産でハクモクレンに似るが花は赤紫色。花木として栽培される

見頃
1
2
3
4
5
6
7
8
9
10
11
12

枝先に直径15cmにもなる大きな花を咲かせる

葉は倒卵形〜倒卵状長だ円形で、長さは30cm以上になることも多い

科 名	モクレン科
和 名	ホオノキ(朴の木)
樹 高	20〜30m
原 産	在来
分 布	北・本・四・九

果実は多数の袋果が集まってできた集合果で、熟すと赤くなる

冬芽はペンのキャップのような形の芽鱗に包まれる

ホオノキ

Magnolia obovata
●花期:5〜6月　●果期:9〜11月

日本に自生する樹木の中で最も大きな花と葉をつける

　山地に自生する背の高い落葉樹で、樹高は20〜30m以上に達する。材木がやわらかくてきめが細かいため、古くから版木などに利用されてきた。また、葉がとても大きいため、食べ物を包むのに使われた。別名ホオガシワ。

葉の形がお祭りで着る半纏にそっくり

見頃
1
2
3
4
5
6
7
8
9
10
11
12

科 名❖モクレン科
和 名❖ユリノキ(百合の木)
樹 高❖約20m
原 産❖北アメリカ
分 布❖植栽(公園など)

花を上から見ると、基部にオレンジ色の模様がある

ユリノキ

Liriodendron tulipifera
●花期:5〜6月 ●果期:10〜12月

葉、花、果実、それぞれ個性的で見所の多い樹種

　北アメリカ原産で、街路樹や公園樹として各地に植栽されている。初夏に淡黄色のチューリップのような花を上向きに咲かせ、チューリップノキの別名もある。また、葉が半纏(はんてん)のような形なのでハンテンボクとも呼ばれる。

樹皮は縦に浅く裂ける

翼のある果実が集まってつき、茶色い花のようになる

193

暖地の林縁につるを絡ませている

夏に淡黄色の小さな花を咲かせる。花弁とがくの区別がはっきりしない

科 名	マツブサ科
和 名	サネカズラ（真葛・実葛）
樹 高	つる性
原 産	在来
分 布	本（関東以西）・四・九・沖

常緑性で、真冬も葉をつけている

小さな赤い果実が球形に集まってつき、1つの集合果となる

サネカズラ

Kadsura japonica

●花期:8月　●果期:10～11月

晩秋の山野の林縁で 球形に集まった赤い実が目立つ

　暖地の山野の林縁に自生する常緑性のつる植物。かつては、樹皮からとれる汁液を整髪料として使ったことから、ビナンカズラ（美男葛）とも呼ばれる。小さな赤い実が球形に集まってつく姿は、晩秋の山野で目立つ。

寺社周辺で植栽されたものをよく見る

見頃
1
2
3
4
5
6
7
8
9
10
11
12

- 科名❖シキミ科
- 和名❖シキミ（樒）
- 樹高❖2〜5m
- 原産❖在来
- 分布❖本（南東北以南）・四・九・沖

春に直径2cm程度の淡黄色の花を咲かせる

シキミ

Illicium anisatum
●花期:3〜4月 ●果期:9月

仏事に使われるほか線香や抹香の原料にもなる

　山地に自生するが、墓地や寺社の周辺にも広く植栽されている。毒性が強い植物として有名で、名前は「悪しき実」から来ているといわれる。一方で、生枝は仏事に使われ、香りのある葉は線香の原料として使われる。

葉は光沢のある長だ円形で香りがある

果実は特に強い毒性がある

公園や神社などに植栽されることが多い

初夏に、白く小さな花を多数咲かせる

科名	クスノキ科
和名	クスノキ（楠・樟）
樹高	20m以上
原産	在来
分布	本・四・九

樹皮は縦に裂ける

葉は光沢のある卵形で樟脳の香りがする

秋に黒い球形の果実をたくさんつける

クスノキ

Cinnamomum camphora

●花期:5〜6月 ●果期:10〜11月

各地に巨樹があり、天然記念物に指定されているものも多い

　暖地に多い常緑樹で、年数を経て巨樹になったものも多い。有名な鹿児島県の蒲生の大楠は、樹齢約1500年、樹高30m、幹周りは24.22mに達する。樹皮や葉は樟脳のような香りがあり、樹皮を防虫剤の原料として利用した。

高木になるため、花や果実を間近で観察しづらい

科 名	❖クスノキ科
和 名	❖タブノキ（椨の木）
樹 高	❖約20m
原 産	❖在来
分 布	❖本・四・九・沖

春、枝先から円すい花序を出し、黄緑色の小さな花を多数つける

タブノキ

Machilus thunbergii
●花期：4〜5月 ●果期：7〜8月

スダジイとともに暖地の樹林を代表する樹種のひとつ

　暖地の照葉樹林内に自生する常緑大高木で、しばしば巨樹となる。西日本では山地にも見られるが、熱海と若狭湾を結ぶ線よりも北側では、自生は海沿いに限られることが多い。公園樹や街路樹として植栽されることもある。

樹皮は褐色で皮目が見られる

葉は硬く、強い光沢がある

夏に黒紫色の球形の果実ができる

春に小さな黄緑色の花が多数かたまってつく

秋になると黄色く色づく

科 名	クスノキ科
和 名	クロモジ(黒文字)
樹 高	2〜5m
原 産	在来
分 布	本(太平洋側)・四・九(北部)

冬芽。中心の細長い芽は葉に、左右の球形の芽は花になる

クロモジ

Lindera umbellata
●花期:4〜5月 ●果期:9〜10月 ●黄葉:11〜12月

幹に芳香があるため爪楊枝の材料として使われる

　山地に自生する落葉低木で、いくつかの近縁種があり種類によって分布が異なる。代表的なものとして、本州の太平洋側〜近畿・中国地方に分布するクロモジと、日本海側を中心に分布するオオバクロモジがある。

果実は球形。秋に熟し真っ黒になる

春に白い花を咲かせる。写真は雄花

- 科 名 ❖ クスノキ科
- 和 名 ❖ ゲッケイジュ(月桂樹)
- 樹 高 ❖ 約12m
- 原 産 ❖ 地中海沿岸
- 分 布 ❖ 植栽(ハーブ園など)

ハーブとして栽培されることが多い

ゲッケイジュ

Laurus nobilis
●花期:4月

葉は煮込み料理の香りづけに利用される

　地中海沿岸原産で、ローレルやベイリーフの名でハーブとして栽培されることが多い。また、ギリシアでは葉でつくった冠をマラソン優勝者の頭にかぶせた。雌雄異株で、栽培されるものは雄株が多いが、少数ながら雌株も存在する。

葉はかたくて頑丈。傷つけるとさわやかな香りがある

乾燥させた葉は煮込み料理の香りづけに利用される

山野に広く自生し、遊歩道などでよく目にする

雌花。1本の雌しべと6本の仮雄しべがある

雄花。雄しべは6本

科 名	クスノキ科
和 名	シロダモ（白だも）
樹 高	10〜15m
原 産	在来
分 布	本（南東北以南）・四・九・沖

若葉は白い毛に覆われて遠くからも目立つ

秋に球形の赤い果実がたわわにつく

シロダモ

Neolitsea sericea

● 花期：10〜11月　● 果期：10〜11月

若葉は白っぽい毛に覆われ
ベルベットのようなさわり心地

　寒冷地を除く山野に広く自生する雌雄異株の常緑高木。果実は1年かけて翌年の秋に熟すため、花と赤い果実が同じ時期に楽しめる。枝先の若葉はやわらかく垂れ下がり、白っぽい毛に覆われてふかふかとしている。

花の可愛さとは異なり、葉は大きい

見頃
1
2
3
4
5
6
7
8
9
10
11
12

科 名 ◆ ロウバイ科
和 名 ◆ ロウバイ（蝋梅）
樹 高 ◆ 2〜5m
原 産 ◆ 中国
分 布 ◆ 植栽（庭木など）

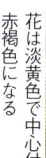

花は淡黄色で中心付近は赤褐色になる

ロウバイ

Chimonanthus praecox
●花期：1〜2月

真冬に蝋細工のような黄色い花を咲かせる

　中国原産で、庭園が寂しくなる真冬の季節に黄色い花の彩りを添えてくれるため広く栽培される。花は蝋細工のような質感で芳香がある。ソシンロウバイやマンゲツロウバイなどの園芸種があり、同様に広く栽培されている。

園芸種

ソシンロウバイ。 ロウバイの園芸種。花全体が黄色で赤褐色の部分はない

マンゲツロウバイ。 ロウバイの園芸種で、花弁が丸っこい

201

秋の黄葉はなかなか美しい

雄花。花弁もがくもなく、雄しべがぶらさがる

科名	カツラ科
和名	カツラ(桂)
樹高	約30m
原産	在来
分布	北・本・四・九

葉は広卵形で基部はハート形になる

樹皮は赤みがかった色をしている

小さなバナナ形の袋果ができ、中には多数の種子が入っている

カツラ

Cercidiphyllum japonicum

●花期:3～5月　●果期:10～11月　●黄葉:10～12月

晩秋、落葉が始まるとほのかに甘い香りが漂う

　山地の沢沿いに自生するほか、都市部の公園や街路にもよく植栽されている。雌雄別株で、4月頃に花弁もがくもない花をいっせいに咲かせる。秋に黄葉すると、周囲は甘い香りに包まれる。別名オカズラ。

冬になると枝の先に赤い小さな実を多数つける

科名	センリョウ科
和名	センリョウ（千両）
樹高	0.5〜1m
原産	在来
分布	本・四・九・沖

花は花弁もがくもない。子房の横に雄しべが1個つくシンプルな構造

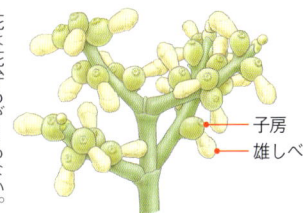

子房
雄しべ

センリョウ

Sarcandra glabra

（他）●花期:6〜7月　●果期:11〜3月

マンリョウなどとともに赤い実を正月飾りに使う

　暖地の山林中に自生する小さな常緑樹で、しばしば観賞用に栽培される。また、植栽された木になった実を鳥が食べ、あちこちに運ぶため各地で野生化している。冬になる赤い果実は正月飾りなどに利用される。

葉は光沢のある深緑色で縁がギザギザしている

近縁種

キミノセンリョウ。センリョウの一種で果実は熟すと黄色くなる

見頃: 6, 7

ボタン

Paeonia suffruticosa
●花期:4～5月

科 名	ボタン科
和 名	ボタン(牡丹)
樹 高	0.5～1.8m
原 産	中国
分 布	植栽(公園など)

春に直径20cmにもなる大きな花を咲かせる

　日本には古い時代に渡来し、花を観賞するために広く栽培される。花色が豊富で、白・桃色・赤色・黄色など多岐にわたる。春と秋に2回咲くものを寒牡丹という。二十日草(はつかぐさ)、深見草(ふかみぐさ)、名取草(なとりぐさ)などたくさんの別名が存在する。

花色が豊富で多くの園芸種が存在する

春、枝先に大きな花を咲かせる

春に枝先からのびる新芽も赤みがかって美しい

小葉の形状やつき方は葉ごとに異なる

果実は袋果で、熟すと割れて中から黒い種子が顔を出す

寒牡丹。真冬の寒い時期、専用のわら小屋に保護されて花を咲かせていた

ボタンの花色は白色〜赤紫色系が多いが、まれに黄色系の花をつけるものもある

近縁種

花弁の枚数は10枚前後だが園芸種によってだいぶ異なる

冬に地上部はいったん枯れ、春に赤紫色の新芽を出す

果実は袋果で、中に数個の種子が入っている

シャクヤク

ボタンと同様に広く栽培される

Paeonia lactiflora var. *trichocarpa*
●花期:5〜6月

ボタンによく似るが、実は草に分類される

　「立てば芍薬座れば牡丹、歩く姿は百合の花」のことわざでよく知られるボタンとシャクヤク。どちらもボタン科に分類され雰囲気は大変似ているが、樹木のボタンに対しシャクヤクは多年草。根は生薬として漢方薬に利用されている。

樹木なるほどコラム ④
果物が実る樹木

樹木の中には果樹として栽培されているものもあります。
ここではおなじみの果樹を集めてみました。

カキ

- 花期:5〜6月　● 果期:10〜11月

秋に橙色の果実をつける

　中国から渡来したと考えられる落葉高木。果実は食用となるが、甘柿と渋柿がある。

- 科名／カキノキ科　● 和名／カキノキ
- 樹高／約10m　● 原産／中国
- 分布／植栽（果樹）

晩秋、果実がたわわに実った姿が目立つ

花（写真・左）は初夏につくが地味で目立ちにくい

果樹のモモは通常一重咲き

- 科名／バラ科　● 和名／モモ
- 樹高／3〜8m　● 原産／中国
- 分布／植栽（果樹）

モモ

- 花期:4月　● 果期:7〜8月

夏に甘い果実ができる

　中国原産の果樹で、白桃、ネクタリン、天津水蜜などさまざまな園芸種がある。

リンゴ

- 花期:4〜5月　● 果期:10〜11月

長野と青森が主要な産地

　ヨーロッパ原産の果樹。主な品種はつがるやふじなど。冷涼な気候を好む。

春にピンクがかった可愛らしい花（写真・左）を多数つける

- 科名／バラ科　● 和名／セイヨウリンゴ
- 樹高／5〜10m　● 原産／ヨーロッパ
- 分布／植栽（果樹）

春に枝いっぱいに白い花を咲かせる

- ❖科名／バラ科 ❖和名／スモモ
- ❖樹高／1～2m ❖原産／中国
- ❖分布／植栽（果樹）

スモモ

- ●花期:4～5月 ●果期:6～7月

ジャムやゼリーに利用される

　アメリカスモモとの交雑で多彩な品種がつくられた。主な品種はサンタローザなど。

クリ

- ●花期:6月 ●果期:10～11月

果実はいがに覆われている

　山野に自生するほか、食用に栽培される。イガのない改良品種もある。

6月に独特の匂いを放つ白い花（写真・右）を咲かせ、多くの昆虫が集まってくる

- ❖科名／ブナ科 ❖和名／クリ
- ❖樹高／5～17m ❖原産／在来
- ❖分布／北・本・四・九

春に白い花を咲かせる

- ❖科名／バラ科 ❖和名／ナシ
- ❖樹高／5～10m ❖原産／園芸種
- ❖分布／植栽（果樹）

ナシ

- ●花期:4～5月 ●果期:9～10月

二十世紀などの品種が有名

　日本の山野に自生するヤマナシを品種改良したものといわれている。

ブルーベリー

- ●花期:4～6月 ●果期:7～8月

青黒く丸い果実ができる

　北アメリカに自生するヌマスノキを中心に品種改良がなされ、果樹として栽培される。

春に咲く白い釣鐘のような形の花（写真・右）はとても可愛らしい

- ❖科名／ツツジ科 ❖和名／ヌマスノキ
- ❖樹高／1～3m ❖原産／北アメリカ
- ❖分布／植栽（果樹）

見頃: 3, 4, 10, 11, 12

ソメイヨシノ。サクラの仲間では、もっとも有名な樹種

サクラの仲間①

Prunus spp.

●花期:3〜4月 ●紅葉:10〜12月

科 名	バラ科
和 名	ソメイヨシノ(染井吉野)
樹 高	10〜15m
原 産	園芸交雑種
分 布	植栽(公園など)

※代表種:ソメイヨシノ

たくさんあるサクラの仲間の代表的なものがソメイヨシノ

　ソメイヨシノはエドヒガンとオオシマザクラの交雑によって誕生した園芸種。江戸時代末期に染井村(現・東京都豊島区)で、当初は「吉野桜」の名前で売り出された。見た目の華やかさや花付きのよさなどから人気となり、全国へ広まっていった。生物季節観測でサクラ開花といった場合、ほとんどの地域でソメイヨシノが観測対象となっている。ただ、札幌と函館を除く北海道ではエゾヤマザクラ、沖縄ではカンヒザクラを観測対象にしている。

春の花だけでなく、秋の紅葉も美しい

ソメイヨシノの花柄やがく筒は毛が多い

冬芽は芽鱗に包まれてかたく、寒さからしっかり守られている

イズタガアカ。カンヒザクラとオオシマザクラの交雑で作り出された。花期は2〜3月

がく筒と花柄は無毛。がく筒はわずかにくびれる

カラミザクラ。桜桃やシナミザクラともいい、果実は食用になる

エドヒガン。山野に自生し3〜4月に開花。がく筒が壺形になるのが大きな特徴

サクラの仲間②

Prunus spp.
●花期:3～4月 ●紅葉:10～12月

科 名	バラ科
和 名	ヨウコウ（陽光）
樹 高	10～15m
原 産	園芸交雑種
分 布	植栽（公園など）

※代表種：ヨウコウ

花見の時はソメイヨシノ以外のサクラも探してみよう

　サクラの仲間は大きく分けると、日本の山野に自生する野生種群、交雑によって作り出された園芸種群、海外から導入された種が存在する。種類によって開花期は異なり、カンザクラやカワヅザクラなどの早咲き種はソメイヨシノよりも早く咲く。八重咲きのサトザクラの仲間は花期が遅くて4月以降に開花する。野生種群で代表的なものにはヤマザクラやオオシマザクラなどがある。

オカメ。カンヒザクラとマメザクラの交雑により作出された園芸種。

花は濃紅色でうつむき加減に咲く

カワヅザクラ。静岡県河津町に多く植栽され、早春の観光スポットとして有名

オオカンザクラ。カンヒザクラとオオシマザクラの交雑種と指定される。比較的花期が早い

ヨウコウ。カンヒザクラとアマギヨシノの交雑による園芸種。花色が濃く美しい

カンヒザクラ。沖縄では最もポピュラー。花は濃い紅紫色で下向きにつく

シダレザクラ。エドヒガンの園芸種で、枝が大きくしだれるのが特徴

花色の濃淡には個体差がある

サトザクラ'旭山'。小型の樹種で鉢植えでも開花する

サトザクラ'普賢象'。2本の雌しべが葉化して長くつき出す

サトザクラ'天の川'。枝が直立し、花も上向きにつくのが特徴

サトザクラ'鬱金'。淡い黄緑色の花を咲かせる

フユザクラ。花弁は5枚で、冬もちらほらと咲く

がく筒にくびれはない。また、花柄とがく筒ともに無毛

科 名	バラ科
和 名	フユザクラ(冬桜)
樹 高	5〜10m
原 産	園芸交雑種
分 布	植栽(公園など)

※代表種:フユザクラ

ジュウガツザクラ。秋から春にかけて開花するサクラで、花弁は10〜20枚程度

コブクザクラ。秋から春に咲くサクラで花弁は20〜50枚。雌しべは1〜5本

サクラの仲間③

Prunus spp.
●花期:10〜4月

サクラの品種によっては秋から冬に花をつけるものもある

　サクラの花は春に咲くというイメージが強いが、中には、秋から春にかけて咲き続ける園芸種もある。遭遇頻度が高いのはフユザクラ、ジュウガツザクラ、コブクザクラで、この3種は花弁の枚数で見分けることができる。

花穂は新しくのびた枝の先につく

見頃
1
2
3
4
5
6
7
8
9
10
11
12

科 名◆バラ科
和 名◆ウワミズザクラ（上溝桜）
樹 高◆15〜20m
原 産◆在来
分 布◆北・本・四・九

春に新芽の展開とともに花穂を出す

ウワミズザクラ

Prunus grayana
（他）
●花期:4〜5月　●果期:8〜9月　●紅葉:10〜12月

山野に多いサクラの仲間で白い花を穂状に咲かせる

　山野に多い落葉高木で、春に白い花穂を多数出しとても美しい。古い時代に亀甲占いを行う際、この木の材の上面に溝を彫ったことからウワミゾザクラ（上溝桜）と呼ばれ、それが転訛（てんか）したのが名の由来といわれる。

樹皮は横に長い模様がある。これはサクラ類でよく見る

果実は夏に赤や黒に熟し、食べられる

近縁種

イヌザクラ。山野に自生し、ウワミズザクラに似るが花の形やつき方などが異なる

見頃: 1〜3, 12

ウメの仲間

Prunus mume
●花期:12〜3月　●果期:6〜7月

科 名	バラ科
和 名	ウメ(梅)
樹 高	5〜6m
原 産	中国
分 布	植栽(公園など)

果樹として栽培する実梅と花を観賞する花梅がある

　中国原産で日本にはかなり古い時代に渡来し、すっかり日本の風景になじんでいる。分類上のウメは1種だが、多種多様な園芸種があり、それらは大きく野梅系、緋梅系、豊後系の3系統に分けられている。また、利用目的から、主に果実を採る実梅と、花を楽しむ花梅の2つに分けられる。果実は梅酒や梅酢、梅干しなどに利用される。

果実は梅雨頃に黄色く熟す。果樹として栽培されるウメは実梅(みうめ)と呼ぶ

梅の幹からはしばしば樹液のようなものが出る

枝が垂れる園芸種。俗にシダレウメと呼ぶ

近縁種

アンズ。中国原産の果樹で、ウメに似るが花期は遅い

緋梅系品種。紅梅とも呼ばれる。花色ではなく、枝の断面が紅色をしているものをいう。花は紅色のものが多いが、白花の種もある

野梅系品種。原種に近い系統で、枝の断面は白色。花や葉は比較的小さい。野梅性、紅筆性、難波性、青軸性に細分される

豊後系品種。ウメとアンズの雑種と推定され、花期は遅い。葉が大きく丸い豊後性と、葉は小さめで秋に紅葉する杏性に細分される

春に枝いっぱいに花を咲かせる

ハナモモには写真のような八重咲きのものも多い

科 名	バラ科
和 名	ハナモモ（花桃）
樹 高	3〜8m
原 産	中国
分 布	植栽（庭木など）

葉は広倒披針形で先はとがっている

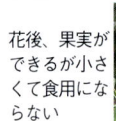

花後、果実ができるが小さくて食用にならない

近縁種

ハナモモ '源平'。1株から白色と紅色の2色の花がつく

ハナモモ

Prunus persica
●花期:4月 ●果期:7〜8月

花を楽しむためのモモの園芸種で、果実は小さい

　モモは果樹として有名だが、春の花も美しい。そのため、花を観賞するための園芸種も多く作りだされており、それらを総称してハナモモという。分類上はモモと同一種だが、花色が豊富で白や濃い赤色などさまざま。

砂浜に生え、夏に赤紫色の花をつける

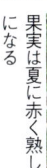

果実は夏に赤く熟し食用になる

科 名	バラ科
和 名	ハマナス（浜梨）
樹 高	1〜1.5m
原 産	在来
分 布	北・本

ハマナス

Rosa rugosa
●花期:6〜8月 ●果期:8〜9月

砂浜に群生し、赤紫色の可憐な花を咲かせる

　海岸の砂浜の周辺に生え、地下茎でどんどん横に広がるため、しばしば大群生する。東北や北海道など北日本に多い。名前の由来は、果実は食用になるため梨に見立てて浜梨、それが訛ってハマナスになったという説がある。

枝には大小さまざまな刺がびっしり生える

近縁種

シロバナハマナス。白い花を咲かせる品種で稀に栽培される

見頃: 1 2 3 4 5 6 7 8 9 10 11 12

カーディナル。四季咲き品。いかにもバラという感じの典型的な花色と形

バラの仲間①

Rosa spp.
●花期:通年

刺は痛いが、全世界で愛される美しい花の代名詞的存在

科 名	バラ科
和 名	バラ(薔薇)
樹 高	2〜5m
原 産	園芸交雑種
分 布	植栽(庭木など)

※園芸交雑品種のため代表品種なし

　バラはバラ科バラ属の園芸種群の総称。枝に鋭い刺を持つものの、花の美しさと香りのよさがあるため、古くから人々に愛されてきた。バラの香料は紀元前から利用されていた。18世紀、パリ郊外のマルメゾン宮殿に暮らすジョセフィーヌは、世界中から複数のバラの原種や栽培品種を集め、育種家に品種改良を行わせた。宮殿ではジョセフィーヌの没後もバラの育種が続けられ、19世紀半ばまで3000種もの品種が誕生したといわれる。

ブルー・リバー。四季咲きのバラ。明るい紫色の花を咲かせ、香りが強い

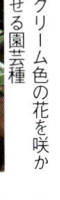

クリーム色の花を咲かせる園芸種

濃厚な赤い花を咲かせる園芸種

四季咲きの園芸種。真冬にも関わらず屋外で開花していた

一重咲き品は花弁が5枚

八重咲き品は花弁が20枚以上になることが多い

半八重咲き品は花弁が6〜19枚

バラの果実はローズヒップと呼ばれ、ハーブティーでおなじみ

枝には堅く鋭い刺がある

葉は奇数羽状複葉で、小葉の枚数は5枚程度

バラの仲間②

Rosa spp.
●花期:通年

科名	バラ科
和名	バラ(薔薇)
樹高	2〜5m
原産	園芸交雑種
分布	植栽(公園など)

※園芸交雑品種のため代表品種なし

バラの栽培品種は無数にあるが、系統ごとに分類される

　現在栽培されているバラは、北半球を中心に野山に自生していた原種をもとに育成されたもので、毎年のように世界中から多くの新しい品種が発表されている。これらは、いくつかの系統ごとに分類され系統記号で表記されている。例えば、枝がつる性の性質を持つつるバラはクライミング・ローズ（Cl）、俗にミニバラと呼ばれる小型のバラはミニチュア（Min）といった具合である。

ウルメール・ムンスター。つるバラの系統。濃赤色の大きな花を多数つける

つるバラはフェンスやアーチに絡ませて栽培されることが多い

つるバラは枝が直立せず、横にほふくする傾向がある

オレンジメイヤンディナ。ミニバラ系統。朱色の花を多数咲かせる

淡紅色の花を咲かせるミニバラの一種

ミニバラは小型なので鉢植えにも良い

ウォーターメロン・アイス。シュラブローズ（半つる性バラ）の一種。見た目があでやか

バシィーノ。シュラブローズ（半つる性バラ）の一種

モッコウバラの八重咲き種。原種系で、黄色い小さな花を咲かせるつる植物

イングリッド・ウェイブル。フロリバンダ系。四季咲きの品種

河原に多く、樹形は環境に応じて自在に変化する

花は白色で花弁は5枚。とても香りが良く、さまざまな昆虫がおとずれる

科 名	バラ科
和 名	ノイバラ（野薔薇）
樹 高	約2m
原 産	在来
分 布	北・本・四・九

秋から冬にかけて赤い果実ができる

近縁種

テリハノイバラ。海岸に多く、葉は強い光沢があり、地面を這うように伸びる

ノイバラ

Rosa multiflora
●花期:5〜6月　●果期:9〜11月

もっとも身近な野バラで初夏に香りの良い花を咲かせる

　いたるところで見られる野生のバラ。河原では大群生することも多く、初夏に多数の白い花を咲かせ、あたり一面がやさしいバラの香りに包まれる。ただ、枝には鋭い刺が多数あるので、川べりを散歩する際は気をつけたい。

モミジの葉のように5つに裂けることが多い

見頃
1
2
3
4
5
6
7
8
9
10
11
12

科 名❖バラ科
和 名❖モミジイチゴ（紅葉苺）
樹 高❖約2m
原 産❖在来
分 布❖本（中部以北）

花は白色で花弁は5枚。下向きにつく

モミジイチゴ

（他）*Rubus palmatus var. coptophyllus*
●花期：4〜5月 ●果期：6〜7月

里山に多い野生の木苺で甘酸っぱくて美味

　モミジイチゴは東日本の山野に多い野生のキイチゴ。西日本には、変種関係にあるナガバモミジイチゴが自生する。どちらも6〜7月にオレンジ色の果実ができ、甘酸っぱくてとてもおいしい。ただし、枝は刺が多いので注意。

晩秋、葉は黄色く色づきながら落葉する

オレンジ色の果実ができ、食べられる

春に白く大きな花を多数咲かせ美しい

花は直径約4cm。花弁は白色で5枚

科名	バラ科
和名	クサイチゴ（草苺）
樹高	0.3～0.5m
原産	在来
分布	本・四・九

クサイチゴ

Rubus hirsutus

●花期：3～4月　●果期：5～6月

山野によく生える木苺で春に咲く白い花が美しい

　山野によく生え、地下茎で横に広がるためしばしば群生している。高さはせいぜい30～50cm程度で、枝は細く柔らかいため、パッと見たところでは草のように見える。初夏に赤い木苺ができるが、やや結実率は低い。

葉は奇数羽状複葉で、小葉の枚数は3～5枚。小さな刺がある

初夏に実る赤い果実は、甘くておいしい

枝はあまり直立せずあちこちにもたれかかる

見頃
1
2
3
4
5
6
7
8
9
10
11
12

科 名❖バラ科
和 名❖ナワシロイチゴ（苗代苺）
樹 高❖0.5～1m
原 産❖在来
分 布❖全国

赤紫色の花を咲かせるが、花弁は閉じたままのものが多い

ナワシロイチゴ

Rubus parvifolius
●花期：5～6月　●果期：6～7月

名前は苗代をつくる頃に果実が熟すことから来ている

　全国各地の日当たりのよい場所でよく見られるキイチゴ類。道ばたや空き地など、わりと街中の環境にも見られる。5月頃に赤紫色の花を咲かせた後、赤くみずみずしい木苺ができる。生食でき、甘酸っぱくておいしい。

6月の苗代をつくる頃に果実が赤く熟す

枝には小さな刺があり、素手だと刺さることがある

225

枝は細いため、ゆるやかにしなだれる

花は鮮やかな黄色で花弁は5枚

科 名	バラ科
和 名	ヤマブキ(山吹)
樹 高	1～2m
原 産	在来
分 布	北(南部)・本・四・九

落葉樹で、晩秋に黄葉する

果実は1～5個が集まってつく

近縁種

ヤエヤマブキ。ヤマブキの品種で、八重咲きの花を咲かせる。果実はできない。

ヤマブキ

Kerria japonica
●花期:4～5月　●果期:9月

鮮やかな黄色い5弁花を枝いっぱいに咲かせる

　山地の谷筋に多く自生するが、花が美しいことから花木として公園や庭に広く植えられている。名前は山振（ヤマフキ）から来ており、細くしなだれる枝が風で揺れる様子からつけられたと考えられている。

公園などに植栽され、春に白い花を咲かせる

見頃
1
2
3
4
5
6
7
8
9
10
11
12

- 科 名❖バラ科
- 和 名❖シロヤマブキ（白山吹）
- 樹 高❖1〜2m
- 原 産❖在来
- 分 布❖本（北陸〜中国地方）

花は白色で、花弁は通常4枚。

シロヤマブキ

Rhodotypos scandens
● 花期：4〜5月　● 果期：9〜10月

花のつき方や葉が似るためヤマブキとつくが、実は別属

　西日本の一部に自生があるが、分布はかなり限定されている。そのため、普通は公園などに植栽されたものを目にする機会が多い。名前からヤマブキの白花種と思われがちだが、分類上はまったく別の種類になる。

晩秋には黄葉と果実が目立つ

果実は1〜4個集まってつき、熟すと黒くなる

春に淡紅色の花を多数咲かせる

半八重咲きになった花も混じる

花弁が5枚前後の一重咲きの花

科 名	バラ科
和 名	ハナカイドウ（花海棠）
樹 高	4～8m
原 産	中国
分 布	植栽（公園など）

長い花柄があり、花は垂れ下がるように咲く

がく筒は暗紅色

ハナカイドウ

Malus halliana
●花期:4月

リンゴの仲間で花がとても美しいため、観賞用に栽培される

　中国原産の花木で、春に淡紅色の花を多数咲かせて美しい。花弁の枚数は5～10枚程度と幅があり、半八重咲きになるものも多い。まれに果実ができることもあるが、通常は結実しない。別名ナンキンカイドウ。

春の草地で朱色の花を咲かせる

見頃
1
2
3
4
5
6
7
8
9
10
11
12

- 科 名 ❖ バラ科
- 和 名 ❖ クサボケ（草木瓜）
- 樹 高 ❖ 0.15〜1m
- 原 産 ❖ 在来
- 分 布 ❖ 本・四・九

花の直径は2.5cmくらい。園芸種のボケと異なり、花色は朱色のみ

クサボケ

Chaenomeles japonica
●花期:4〜5月　●果期:11〜2月

花が朱色の野生のボケで明るい草地に自生する

　山野の日当たりのよい草地に自生し、春に朱色の花を多数咲かせる。樹高は50cm前後のことが多いが、草刈りがなされるような場所では30cm未満で地面すれすれの場所で開花していることも多い。シドミなどの別名がある。

枝には鋭い刺がある

黄色く丸い果実ができ、果実酒などに利用される

見頃: 3, 4

近縁のクサボケと比べると背が高くなる

ピンクの花を咲かせる園芸種

濃紅色の花を咲かせる園芸種

科 名	バラ科
和 名	ボケ（木瓜）
樹 高	1～2m
原 産	中国
分 布	植栽（庭木など）

葉は長だ円形で、基部に大きな托葉がある

冬芽。3つの赤い芽は花芽である

ボケ

Chaenomeles speciosa
●花期:3～4月

観賞用に栽培されるボケで盆栽の樹種としても人気がある

　中国原産で、かなり古い時代に渡来した花木。花色が豊富で、八重咲きのものもある。ウメと同様に、庭園や盆栽用樹種として、日本の風景にすっかりなじんでいる。名前は中国名のモッカ（木瓜）が転訛したといわれている。

春に淡紅色の花を咲かせる

科 名 ❖ バラ科
和 名 ❖ カリン（花梨）
樹 高 ❖ 8〜10m
原 産 ❖ 中国
分 布 ❖ 植栽（庭木など）

花は直径約3cm、花弁は5枚

カリン

Chaenomeles sinensis
●花期：4〜5月 ●果期：10〜11月

果実をはちみつ漬けなどにして食用にする

　古い時代に中国より渡来した果樹で、庭園などに広く栽培されている。秋に甘い香りのする黄色い果実ができるが、これは生のままではかたくて食べられない。はちみつ漬けやジャム、果実酒として利用される。

樹皮は不規則にはがれてまだら模様になる

秋にいびつな形のナシ状果ができる

231

春、短枝の先に白い小さな花が集まってつく

長い柄のある赤い果実ができる。柄はゴツゴツした感じがする

科 名❖バラ科
和 名❖カマツカ(鎌柄)
樹 高❖5～7m
原 産❖在来
分 布❖北・本・四・九

カマツカ

Pourthiaea villosa var. laevis
●花期:4～6月　●果期:10～11月

牛の鼻輪を通すときに枝を使うため別名ウシコロシ

葉は広倒卵形～狭倒卵形で縁に鋸歯がある

冬芽は赤褐色で先がとがる

　山野に自生する落葉小高木で、堅くて折れにくい材木が採れることから、鎌の柄に利用される。葉などに白い軟毛が密生するものをワタゲカマツカ、毛の少ないものをケカマツカと呼ぶが、毛の多少は個体差があり区別は難しい。

新芽が鮮やかな紅色なので生垣に使われる

見頃
| 1 |
| 2 |
| 3 |
| 4 |
| 5 |
| 6 |
| 7 |
| 8 |
| 9 |
| 10 |
| 11 |
| 12 |

科 名：バラ科
和 名：レッドロビン
樹 高：4〜6m
原 産：園芸交雑種
分 布：植栽（庭木など）

花は白色で直径7mm程度。花弁は5枚

レッドロビン

Photinia × fraseri
●花期:4〜5月

鮮やかな赤い新芽が美しく生垣に利用される

　レッドロビンはカナメモチとオオカナメモチを交雑してつくられた園芸種。刈り込みに強く、新芽は鮮やかな紅色で美しいため生垣によく利用される。また、乾燥にも強いため、都市部の緑化用樹種としても人気が高い。

花期は初夏。花序は直径10cmほどで白い花が多数集まってつく

枝葉の雰囲気がモチノキの仲間に似るが、バラ科の樹種

見頃: 5, 10, 11

初夏以外の季節もだらだら咲いていることが多い

花は白色で花弁は5枚。梅の花を連想させる形をしている

科 名❖バラ科
和 名❖シャリンバイ（車輪梅）
樹 高❖1〜4m
原 産❖在来
分 布❖本（南東北以南）・四・九・沖

葉がまるいものはマルバシャリンバイと呼ばれる

球形の果実ができ、熟すと藍色になる

近縁種

ベニバナシャリンバイ。シャリンバイの紅色花種

シャリンバイ

Rphiolepis indica var. umbellata

他
●花期:5月　●果期:10〜11月

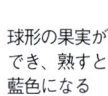

排気ガスに強く、道路の分離帯によく植栽される

　海岸近くの樹林に自生する常緑低木だが、都市公園や道路の分離帯の植え込みなどに植栽されることも多い。葉が丸みを帯び、背が高くならないものをマルバシャリンバイと呼ぶこともあるが、中間的な姿も多く、区別は難しい。

冬になると、褐色の綿毛に覆われた花序を出す

見頃
1
2
3
4
5
6
7
8
9
10
11
12

科 名❖バラ科
和 名❖ビワ（枇杷）
樹 高❖6～10m
原 産❖在来（諸説あり）
分 布❖植栽（果樹）

花は白色で直径1cm程度

ビワ

Eriobotrya japonica
●花期:11～1月　●果期:5～6月

かなり古くから栽培される果樹で、冬に花を咲かせる

　古くから果樹として栽培される常緑高木。西日本の一部では野生のものが確認されているが、原産地については諸説がある。冬に花を咲かせ、初夏に果実が熟す。果実は生食でき甘くておいしい。葉は生薬に用いられてきた。

冬芽と葉痕。冬芽は暖かそうな綿毛に覆われる

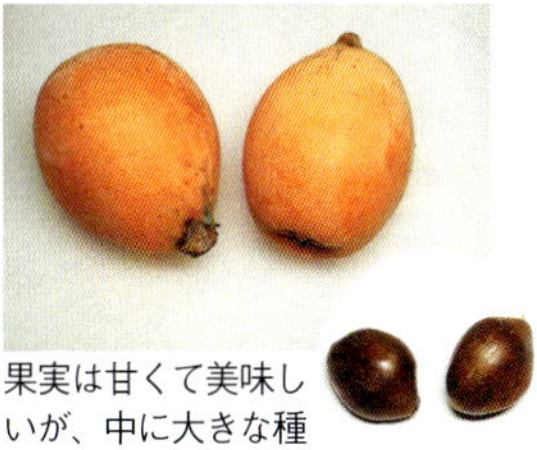

果実は甘くて美味しいが、中に大きな種子が入っている

235

見頃: 5, 6

秋から冬にかけて鮮やかな果実をつける

小さな白い花が咲く

枝が変化してできた刺があり、触ると痛い

科名	バラ科
和名	ピラカンサ
樹高	1〜3m
原産	中国・ヒマラヤなど
分布	植栽(公園など)

果実が鮮やかな紅色に熟すタイプ

果実が熟すと橙色になるタイプ

タチバナモドキ。果実は熟すと黄橙色になる

ピラカンサ

Pyracantha spp.
●花期:5〜6月　●果期:10〜2月

鮮やかな果実を枝いっぱいにつけて冬の庭園を彩る

　ピラカンサは、トキワサンザシ(*Pyracantha*)属の総称。代表的なのがタチバナモドキ、カザンデマリ、トキワサンザシの3種だが、区別が難しい個体も多い。秋から冬にかけて、紅色や橙色、黄橙色の鮮やかな果実が枝いっぱいにつく。

初夏に白い花を多数咲かせる

見頃
1
2
3
4
5
6
7
8
9
10
11
12

科名	❖バラ科
和名	❖ナナカマド（七竃）
樹高	❖6～10m
原産	❖在来
分布	❖北・本・四・九

冬芽は赤紫色で芽鱗に包まれ先がとがる

ナナカマド

Sorbus commixta

（他）●花期:5～7月　●果期:9～10月　●紅葉:10～12月

寒冷地や山間部では
秋の紅葉の主役的存在

　寒冷地や山間部に多い落葉樹で、秋にできる赤い果実と鮮やかな紅葉が美しい。名前の由来は、かまどに7回入れても焼け残るほど燃えにくいことから。ウラジロナナカマドなどいくつかの近縁種が存在する。

樹皮は灰色で模様がある

赤い果実は、落葉後もしばらく枝に残る

237

見頃: 5, 6, 7, 8

樹形はコンパクトにまとまる

ひとつひとつの花は直径4mm程度で花弁は5枚

科 名	バラ科
和 名	シモツケ（下野）
樹 高	約1m
原 産	在来
分 布	本・四・九

シモツケ

Spiraea japonica
●花期:5〜8月 ●果期:9〜10月 ●紅葉:11〜12月

枝先にかたまってつく小さなピンクの花が愛らしい

白い花を咲かせる株もある

果実は袋果で、通常5個ずつ集まってつく

　山地に自生するほか、観賞用に広く植栽されている落葉低木。5〜8月に枝先にピンクの小さな花を多数咲かせる。白花や色が濃い花を咲かせる株もある。名前は下野（栃木県）産のものが古くから栽培されていたことから。

白い花が手まり状に集まる

見頃
1
2
3
4
5
6
7
8
9
10
11
12

科 名❖バラ科
和 名❖コデマリ（小手鞠）
樹 高❖1.5〜2m
原 産❖中国
分 布❖植栽（公園など）

花のつき方は散房花序

花は直径1cmほど

コデマリ

Spiraea cantoniensis
●花期:4〜5月

小さな白い花を手まり状に咲かせる愛らしい花木

　古い時代に中国から渡来し、花木として公園や庭に栽培される。白い小さな花の集まりが枝にいくつも連なる。名前は花の集まりが小さな手まりを連想させることから。また、球形の花序を鈴に見立てたスズカケの別名もある。

葉のつき方は互生

葉は菱形状披針形で、上半分にのみ鋸歯がある

株立ちとなり、枝はしなだれる

葉は柳の葉を連想させる細長い形をしている

科 名	バラ科
和 名	ユキヤナギ（雪柳）
樹 高	1〜2m
原 産	在来
分 布	本（太平洋側）・四・九

ユキヤナギ

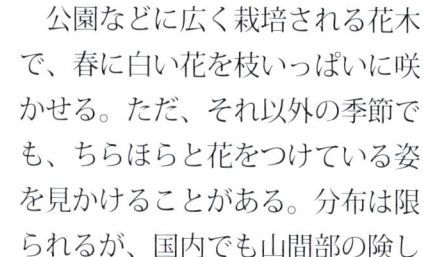

Spiraea thunbergii
●花期：3〜4月　●果期：5〜6月

枝に雪が積もったかのように白い花をぎっしりと咲かせる

花は直径8mm程度で、花弁は5枚

初夏に袋果が5つ集まってできた果実ができる

　公園などに広く栽培される花木で、春に白い花を枝いっぱいに咲かせる。ただ、それ以外の季節でも、ちらほらと花をつけている姿を見かけることがある。分布は限られるが、国内でも山間部の険しい岩壁に自生が見られる。

山地のいたるところに自生する

花弁は5枚だが、がくも白く色づくため、まるで10枚あるように見える。

- 科 名 ❖ バラ科
- 和 名 ❖ コゴメウツギ（小米空木）
- 樹 高 ❖ 1〜2m
- 原 産 ❖ 在来
- 分 布 ❖ 北・本・四・九

コゴメウツギ

Stephanandra incisa
● 花期：5〜6月 ● 果期：10〜11月

太平洋側の山地に多く、初夏に小さな白い花を咲かせる

　山野に自生する落葉低木で、枝は細くてさかんに分岐する。初夏に小さな白い花がかたまってつくが、これを小さな米に見立てて小米空木の名前がつけられた。葉の形は変化が大きいが、縁は重鋸歯がありギザギザして見いる。

葉は重鋸歯があり、ギザギザしている

果実もできるが目立ちにくい

241

樹木なるほどコラム ❺
身の回りで利用される樹木

樹木には、食用や観賞以外で人々の役に立つものがあります。
そんな樹木たちの事例を紹介します。

街路樹

道路沿いに植えられる街路樹。車道と歩道を安全に分離するほか、都市熱の緩和という役割もある。また、野鳥や昆虫の生息場所にもなる。

ソメイヨシノは街路樹としても人気

ベニバナトチノキ
赤紫色の花が美しく、街路樹として植栽される

キョウチクトウ
大気汚染に強いため街路樹として人気が高い

生垣

樹木を植えてつくった垣根。単なる境界線だけではなく、防風・防火の役目も果たす。イヌツゲなどの刈り込みに強い樹種がよく植えられる。

ドウダンツツジの生垣

オオムラサキ
排気ガスに強いため都市部では人気の樹種

マメツゲ
イヌツゲの園芸種で、葉がぷっくりと膨らんでいる

壁面緑化

壁につる性の植物を這わせて緑化することを壁面緑化という。日差しの遮断や都市熱の緩和効果を目的に利用されている。

セイヨウキヅタ
キヅタの仲間でアイビーと呼ばれる

ブドウ科のツタもよく利用される

ハイビャクシン
地面を這うコニファーの仲間

グランドカバー

グランドカバーとは、這い性の植物によって地面を覆ったもの。風で土が舞うのを防いだり、地表面を保護するために利用される。

防風林

強風をやわらげるために植えられた人工林を防風林と呼ぶ。海沿いでは防潮林の役割を兼ねる場合も多い。

シラカシ
常緑樹でよく茂るため平地の屋敷林に使われる

トベラ
潮風に強いため、海沿いの防風林によく使われる

マサキ　生垣としてよく利用されるが、防火効果も高い

防火林

火災発生時に延焼を防ぐ目的があるのが防火林。燃えにくく、熱や火の粉を遮る効果のある樹種が利用される。

見頃
1
2
3
4
5
6
7
8
9
10
11
12

雌株は、秋に赤い果実ができる。

丸っこい葉が互い違いにつく

科 名	ユリ科
和 名	サルトリイバラ（猿捕茨）
樹 高	つる性
原 産	在来
分 布	ほぼ全国

雄花の様子。雄しべは6本ある

雌花の様子。花の中央に雌しべが見える

サルトリイバラ

Smilax china
●花期：4〜5月　●果期：11〜12月

林縁に生えるつる植物で秋の赤い実が美しい

　山野の林縁などでよく見られる雌雄異株のつる植物。雌花は秋に赤い果実をつける。名前は、茨のように刺があって、猿も引っかかってしまうという意味がある。なお、西日本では餅を包むのにこの葉を使う。別名カカラ。

写真は雌花。花弁は6枚あり、内側の3枚は細長い。

科 名	ユリ科
和 名	ナギイカダ(梛筏)
樹 高	0.2～0.9m
原 産	地中海沿岸
分 布	植栽(庭木など)

葉のように見える部分は枝が変化したもの

見頃: 3, 4, 5, 10, 11

ナギイカダ

Ruscus aculeatus
●花期:3～5月　●果期:10～11月

葉の上に花や果実が乗っかったような姿が個性的

　地中海沿岸原産で、庭園に広く植栽される。丈が低く、枝が緑色であることから一見草のようにも見える。葉のように見える部分は、厳密にいうと枝が変化してできた葉状枝で、その上に花や果実が乗っかるようにつく。

果実は赤い球形で美しい

葉状枝は先がとがって痛いので注意

見頃
1
2
3
4
5
6
7
8
9
10
11
12

初夏に、葉の基部から花序を出し、黄白色の小さな花を密生させる

科 名	ヤシ科
和 名	シュロ（棕櫚）
樹 高	5〜10m
原 産	中国
分 布	各地に野生化

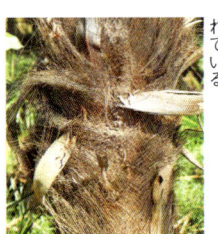

山林に野生化しているシュロ

幹は、繊維状の古い葉鞘に覆われている

ブルーグレーの扁平な果実ができる

シュロ

Trachycarpus fortunei
●花期:5〜6月　●果期:10〜11月

鳥が種子を運ぶため、あちこちの山林で野生化している

　古くから暖地に植栽されていた樹種だが、現在は各地で野生化している。気候の温暖化と、鳥が種子をあちこちに運ぶことが理由として挙げられる。幹にある繊維状の葉鞘（ようしょう）は縄にしたり、材木は鐘をつく木に利用される。

マダケ。肩毛と呼ばれる葉耳の毛が目立つ

マダケ。稈の節にできる輪は2重になる

科名	イネ科
和名	マダケ(真竹)
稈の高さ	20m以上
原産	在来
分布	本・四・九・沖

※代表種：マダケ

マダケ。成長したタケ類の稈には葉鞘がない

タケ、ササの仲間①

●花期:4〜5月にごく稀に咲く

イネ科タケ亜科の総称で、草と木両方の性質を持ち合わせる

　タケやササの茎は稈（かん）と呼ばれる。稈には草と同じで年輪がなく、太さもほとんど変わらない。一方で木のように堅くなる性質も持つ。稈を包む葉鞘（ようしょう）（竹の皮）が早く脱落するものがタケ、枯れるまで残るものをササとして区別されている。

タケの芽はおなじみのタケノコ

この段階では葉鞘があるが、やがてはがれ落ちる

タケの稈はとても強く、派手にしなるものの簡単には折れない

タケ、ササの仲間②

（他）●花期：4～5月にごく稀に咲く

科名	イネ科
和名	クマザサ（隈笹）
稈の高さ	1～1.5m
原産	不明
分布	植栽品が野生化

※代表種：クマザサ

タケやササの種類は数多く 外見がよく似て見分けが難しい

　タケ類やササ類は山野によく生え、目にする機会が多い。この仲間だけで一冊の図鑑ができるほど種数が多いものの、外見がどれもよく似ているため、判別が難しい。また、モウソウチクのようにタケノコの収穫目的で栽培されることもある。その他、クロチクなど特徴的なものは観賞用として、コクマザサなど小型の種類は庭園の素材としても活用される。タケ類の花はまず見ないが、ササ類は花穂をつけているのをしばしば見かける。

メダケ。タケとつくがササ類。稈（かん）は数mに達し、葉先は垂れ下がる

メダケ。葉鞘の縁は傾斜が大きくなる

メダケの果実

クロチク。稈が黒くなる種で広く栽培される

オカメザサ。小型のタケで庭の下草や生垣に栽培される

クマザサ。乾燥すると葉が白く縁取られるのが特徴

アズマネザサ。関東以北でもっともよく見られるササ類

コクマザサ。小型のササ類で庭の下草や正月飾りに栽培される

ゾウタケ。熱帯地域に広く自生する世界最大のタケ類。稈の高さは30m、直径は30㎝にも達する

野山で猛威をふるうタケの問題

山林が荒廃するとササ類が繁茂して生息する生物種数が激減する

地下茎で道路がガタガタになることも

索 引

赤色の文字はメインで紹介している樹木。黒の細字は小写真、近縁種、園芸種で紹介している樹木。緑色の字はコラムで紹介している樹木です。

ア

アオキ	**97**
アオギリ	**104**
アオツヅラフジ	**154**
アオバナアオキ	97
アカガシ	**48**
アカシデ	179
アカバナミツマタ	102
アカマツ	**31**
アカメガシワ	**138**
アキニレ	**185**
アケビ	**152**
アケボノアセビ	84
アジサイの仲間	
アジサイ	**168**
アメリカノリノキ'アナベル'	168
ウズアジサイ	169
ガクアジサイ	**167**
ガクアジサイの園芸種群	169
カシワバアジサイ	168
シチダンカ	169
タマアジサイ	169
ヤマアジサイ'ベニガク'	169
ヤマアジサイ'清澄沢'	169
アセビ	**84**
アメリカノウゼンカズラ	58
アンズ	214

イイギリ	**101**
イチイ	**45**
イチジク	**189**
イチョウ	**28、29、146**
イヌザクラ	213
イヌシデ	**179**
イヌツゲ	**114**
イヌビワ	189
イヌマキ	**36**
イボタノキ	**70**
ウグイスカグラ	**53**
ウツギ	**170**
ウバメガシ	**147**
ウメの仲間	
緋梅系品種	**214、215**
豊後系品種	**214、215**
野梅系品種	**214、215**
ウワミズザクラ	**213**
エゴノキ	**77**
エゾマツ	**146**
エニシダ	**161**
エノキ	**187**
エビヅル	**108**
エンゼルトランペット	**62**
オウゴンマサキ	121
オウバイ	**76**
オオベニガシワ	**139**
オタフクナンテン	158
オニグルミ	**175**
オリーブ	**72、147**

カ

カイヅカイブキ	**41**
カエデの仲間	
アオシダレ	127

アメリカハナノキ	127	**クサイチゴ**	**224**
イロハモミジ	**124、125**	**クサギ**	**64**
カエデ(モミジ)	**147**	**クサボケ**	**229**
サトウカエデ	127	**クスノキ**	**146、196**
トウカエデ	126	**クチナシ**	**65**
ネグンドカエデ・バリエツガム	127	**クヌギ**	**182**
ノムラカエデ	127	**クリ**	**207**
ノルウェーカエデ	127	**クロガネモチ**	**115**
ヤマモミジ	**125**	**クロマツ**	**30**
紅垂れ	125	**クロモジ**	**198**
カキ	**206**	**ゲッケイジュ**	**199**
カシワ	**48**	**ケヤキ**	**146、184**
カツラ	**202**	コクチナシ	65
ガマズミ	**54**	**コゴメウツギ**	**241**
カマツカ	**232**	**コデマリ**	**239**
カヤ	**46**	**コナラ**	**183**
カラタチ	**133**	**コニファーの仲間**	
カリン	**231**	アラスカヒノキ	43
カルミア	**86**	アリゾナイトスギ	
寒牡丹	205	'ブルーアイズ'	43
キソケイ	76	ウスリーヒバ	43
キヅタ	**92**	**カナダトウヒ'コニカ'**	**44**
キブシ	**100**	カナダトウヒ'ペンジュラ'	44
キミノセンリョウ	203	コロラドトウヒ	
キャラボク	45	'ブラウカプロカンベンス'	44
キョウチクトウ	**67、242**	ニイタカビャクシン	
キリ	**59**	'ブルーカーペット'	43
キンカン	**134**	ニオイヒバ	
キンシバイ	**155**	'グロボーサオーレア'	43
キンメツゲ	114	ヌマヒノキ'レッドスター'	43
キンモクセイの仲間		ハイネズ'サンスプラッシュ'	43
キンモクセイ	**74、75**	**モントレーイトスギ**	
ギンモクセイ	75	**'ゴールドクレスト'**	**42**
ヒイラギモクセイ	75	**コノテガシワ**	**40**
クコ	**61**	**コブシ**	**190**

コムラサキ	63	**シキミ**	**195**
ゴヨウアケビ	153	シシユズ	132
ゴンズイ	**112**	シダレエノキ	187
		シダレヤナギ	**177**
		シデコブシ	190
		シナマンサク	172

サ

サカキ	**145**	**シナレンギョウ**	**69**
サクラの仲間		**シモツケ**	**238**
イズタガアカ	209	シャクヤク	205
エドヒガン	209	**シャリンバイ**	**234**
オオカンザクラ	210	**シュロ**	**246**
オカメ	210	**シラカシ**	**243**
カラミザクラ	209	**シラカバ**	**49**
カワヅザクラ	210	**シロダモ**	**200**
カンヒザクラ	211	シロバナアケビ	152
コブクザクラ	212	シロバナハマナス	217
サトザクラ'旭山'	211	シロミノナンテン	158
サトザクラ'天の川'	211	シロミノマンリョウ	79
サトザクラ'鬱金'	211	**シロヤマブキ**	**227**
サトザクラ'普賢象'	211	**ジンチョウゲ**	**103**
シダレザクラ	211	**スイカズラ**	**51**
ジュウガツザクラ	212	**スギ**	**34、147**
ソメイヨシノ	**208、209**	**スダジイ**	**181**
フユザクラ	**212**	**スモモ**	**207**
ヨウコウ	**211**	セイヨウイボタ	70
ザクロ	**98**	**セイヨウキヅタ**	**243**
サザンカ	**141**	**セイヨウシャクナゲ**	**87**
サネカズラ	**194**	**センダン**	**130**
サラサウツギ	170	**センリョウ**	**203**
サルスベリ	**99**	ソシンロウバイ	201
サルトリイバラ	**244**	**ソテツ**	**47**
サワラ	**39**		
サンゴジュ	**55**		

タ

サンシュユ	**96**		
サンショウ	**135**	**ダイオウショウ**	**32**

紅葉	143	ノバラ	222
キキョウラン	143	ヌノキ	165
バラメキ	142	オオミスモ	71
バラ(園芸種)の仲間		オキナグサ	176
サンシュユ	83	ヌルデ	129
クサイチゴ	83	ニクコウ	56
キヨズミ花車	83	ニワウルシ	131
ウドンゲ	83	ドキノウツギ	109
キイトドツツジ	83	ニキキ	118
縄楽藤	81	ネジキ	158
ドウダンツツジ	82	ネコヤナギ	137
サササキ	83	ノブドウドツ	225
ツクバネウツギ	82	ノササキ	237
ロロスノキ	83	ノグミ	171
車の上	81	ノッバキ	148
アオキ	81,242	ノイ	207
桃源川	81	ノチキガヤ	245
ツツジの仲間		ノキ	37
ツゲ	110		
ツクバネキンウ	75	**は**	
チャボキンミウ	69		
チャボガヤ	38	トウゲクロマツ	30
チャ	144	トネリコ	166, 243
タラヨウ	117	トチノキ	123
タンナサワフタギ	93	トダスミキ	173
タブノキ	197	トラスサモモ	71
スヌキ	248	トドマツマツ	85,242
ササエ	247	テリハバハイバイ	222
ムラサキ	249	テイカカツラ	68
ロクチチ	248	ツルメモドキ	122
コムラサキ	249	ツルハナ	120
ササメキ	249	ウスゴガヤ	143
ナスキササキ	249	草の藤	143
キキ・ササ・ササの仲間		桃の藤	143
		獅子頭	143

ハ

ハクチョウゲ	58
ハゲイトウ	109

ハ

ハイビスカス	107
ハイビスカス	41, 243
ハエトリソウ	66
ハエデマン	191
ハキダメギク	75
ハゲイトウ	100
ハナイカダ	98
ハキダメギク	228
ハナミズキ	164
ハキリバチ(ハキリバチ科)	50
ハキリバチ(アルファルファ、 ボーブレンス)	50
ハナミズキ	94
ハナモモ	216
ハナモモ、源平	216
ハナズオウ	217
ハナトラノオ	150

バラの仲間

イングリッシュ・ダイアナ	221
クライマー・ロココンプトン	221
フルーメール・レンスター	220
オイエットマンスンナキ	221
ガートルード	218
パノート	221
アブリ・リーバー	219
モッコウバラの八重咲き種	221
ハリエンジュ	163
ハルジオン	90
ハンノキ	178
ハランキョ	73

ヒ

ヒガンバナ	159
ヒサカキ	116
ヒトツバ	150
ヒノキ	38
ヒマラヤ・モミロイー	156
ヒマラヤスギ	33
ヒヨクヒバ	173
ヒヨドリバナ	156
ヒメサザン	236
ヒラ	235
ヒラタアブ	73
ヒラタアブチ	91
ファイナッフス	147
フジ	160
フレソア	60
フナ	49
ブラタナス	89
ブルーベリー	207
ベニバエキ	77
ベニバルキキダトラ	234
ベニバナトチノキ	177
ベニバチミキ	123, 242
ベメキ	192
ベヤ	230
ベニマン	204, 205
ベキリバチキ	64
ベダギウエイダズ	113
ヘラブ	88
ベルハノキ	105

ミ

ミスオムクヒチキ	177
ミタギ	121, 243
ミンシンシャ	180

255

４

ヤエザキエンギ	226
ヤシ	91
ヤシガニ	49
ヤツフジ	87
ヤツバキ	140

ヤブソテツ	134
ヤマグワ	242
ヤマモミ	119
ヤマモモ	188
ヤマモモー	188
ヤマユロニ	88
ヤマバラのパハハト	201
ヤンジ	172
ヤンジロギ	79
ユズキ	95
ユビルツザ	153
ユミツタ	102
ユモキ	89
ユツ	151
ユウキキジキンキ	63
ヨギ	157
ヨメナドヨ	35
メギシ	93
ヨウセ	147
ヨレマン	191
ヨノモギ	116
ヨロツグ	149
「ヨミジキロ」	223
ヨヨ	206

ヨマンギコエ	129
ヤマリング	188
ヤマバギ	162
ヤマバグ	128
ヤマツギ	226
ヤマポキシ	94
ヤマモエ	174
ユーケル	89
ユキグリ	240
ユキ	132
ユメソリ	136
ユリノキ	193

ら

ラシンバキ	36
リゲツ	80
リフジ	206
レッドロビン	233
ロバハノト	201

樹木の図鑑

著者　岩槻秀明

印刷所　廣済堂印刷株式会社

発行所　株式会社新星出版社
〒110-0016　東京都台東区台東4丁目7
電話(03)3831-0743
振替00140-1-72233
http://www.shin-sei.co.jp/

©Hideaki Iwatsuki 2013 Printed in Japan

ISBN978-4-405-08560-2